水分析实验教程
SHUIFENXI SHIYAN JIAOCHENG

曹李靖　潘欢迎　主编

中国地质大学出版社有限责任公司
ZHONGGUO DIZHI DAXUE CHUBANSHE YOUXIAN ZEREN GONGSI

图书在版编目(CIP)数据

水分析实验教程/曹李靖,潘欢迎主编. —武汉:中国地质大学出版社有限责任公司,2013.9
(2014.7重印)
中国地质大学(武汉)实验教学系列教材

ISBN 7-5625-3262-0

Ⅰ. 水⋯
Ⅱ. ①曹⋯②潘⋯
Ⅲ. 水质分析-实验-高等学校-教材
Ⅳ. O661.1-33

中国版本图书馆 CIP 数据核字(2013)第 207600 号

水分析实验教程	曹李靖　潘欢迎　主编
责任编辑:王凤林	责任校对:戴　莹
出版发行:中国地质大学出版社有限责任公司(武汉市洪山区鲁磨路388号)	邮编:430074
电话:(027)67883511　　传真:67883580	E-mail:cbb@cug.edu.cn
经　销:全国新华书店	http://www.cugp.cug.edu.cn
开本:787 毫米×1 092 毫米 1/16	字数:170 千字　印张:6.625
版次:2013 年 9 月第 1 版	印次:2014 年 7 月第 2 次印刷
印刷:武汉市珞南印务有限公司	印数:1001-2000 册
ISBN 7-5625-3262-0	定价:16.00

如有印装质量问题请与印刷厂联系调换

中国地质大学(武汉)实验教学系列教材编委会名单

主　任　唐辉明

副主任　徐四平　殷坤龙

编委会委员：(以姓氏笔画顺序)

马　腾　　王　莉　　牛瑞卿　　石万忠　　毕克成

李鹏飞　　吴　立　　何明中　　杨明星　　杨坤光

卓成刚　　罗忠文　　罗新建　　饶建华　　程永进

董元兴　　曾健龙　　蓝　翔　　戴光明

目 录

第一章 水样的采集与保存 (1)
第一节 水样的采集 (1)
第二节 水样的保存 (2)

第二章 水样分析与测试 (6)
实验一 水中 pH 值、电导率、游离二氧化碳的现场测定 (6)
实验二 水中酸度、碱度、碳酸根离子、重碳酸根离子、侵蚀性 CO_2 的测定 (11)
实验三 水中氯离子的测定 (15)
实验四 水中总硬度、钙离子的测定 (17)
实验五 水中硫酸根的测定（EDTA 法） (20)
实验六 高锰酸盐指数的测定 (22)
实验七 化学需氧量（COD_{Cr}）的测定 (25)
实验八 溶解氧（DO）的测定 (30)
实验九 五日生化需氧量（BOD_5）的测定 (33)
实验十 水中氨氮的测定 (36)
实验十一 水中亚硝酸盐氮、硝酸盐氮的测定 (39)
实验十二 水中氟离子的测定 (42)
实验十三 水中酚的测定 (44)
实验十四 水中铬的测定 (46)
实验十五 金属污染物的测定 (49)
实验十六 高效液相色谱法测定环境样品中的多环芳烃 (58)
实验十七 离子色谱法测定水样中常见阴离子含量 (61)
实验十八 水中大肠菌群数的测定 (66)

第三章 地下水分析结果的整理、审查及化学分类 (73)
第一节 地下水分析结果的整理、审查及化学分类 (73)
第二节 水分析结果的审查 (74)
第三节 水分析计算 (75)

附 录 (81)
附录一 水环境监测新技术开发简介 (81)
附录二 我国《生活饮用水水质规范》 (85)
附录三 饮用天然矿泉水标准 (89)
附录四 水、土腐蚀性调查、测试与评价 (91)
附录五 校园水环境监测方案 (93)

参考文献 (97)

前　言

水分析实验教程是《水文地球化学》和《地下水污染与防治》课程的重要实践环节,而这两门课分别是水文及水资源专业和环境工程专业的专业基础课和专业骨干课程,特别是《地下水污染与防治》课程在新教学计划中,增加了 20 学时的实验课,但目前尚无一本专门的实验指导书,因此针对上述两门课程的实验内容编写一本符合形势发展需要的实验指导书是必要的、及时的。

自 92 级本科实行新的教学计划后,原有的《水分析》实验教学课程并入《水文地球化学基础》的课程中,由王焰新教授领衔编写了《水文地球化学基础》实习实验讲义,随后 2005 年又在原讲义的基础上编写了《水分析实验讲义》。在以后十几年的教学实践中我们取得了很好的教学效果并积累了丰富的实验教学经验。《水文地球化学基础》是实践性很强的课程,因而单靠课堂教学学生很难掌握,实践教学环节是不容忽视的,其目的是为了培养和提高学生的动手能力和分析问题解决问题的能力,使书本知识与实践知识真正的有机结合起来。

随着实验教学内容的不断更新、增加及新方法的引进,因此《水分析实验讲义》还需在原来的基础上作进一步的修改、补充和完善。

本实验讲义内容介绍了样品的采集与处理、分析方法的准确选择、分析测试(包括常量分析和仪器分析),力求实验内容的实用性、适用性、简便性和先进性。从学生亲自采集水样到水样分析,及水分析资料的整理的全过程,对学生的能力进行综合训练。结合本专业的特点及将来本专业学生参加工作需要,附录二、附录四为学生提供了《生活饮用水水质规范》及《水、土腐蚀性调查、测试与评价》的标准及常用的常数,以供学生参考。附录五为学生提供了综合设计及研究性实验是为了配合教学改革的需要而编写的,这些实验将很好地训练学生的自主实验能力,为培养学生的科技创新能力打下良好的基础。

本实验教程是承担的湖北省教学研究项目"环境工程专业优质课程建设与实践"的部分成果。在编写过程中得到了王焰新教授、马腾教授、李义连教授、罗朝晖博士的指导和帮助,此外还得到了博士生杜金龙、硕士生黄征同学和本科生郭琦同学的帮助,在此表示感谢。

由于编者水平有限,实验指导书中缺点在所难免,恳请老师和同学批评指正,以便今后改正。

编者
2003 年 9 月

第一章 水样的采集与保存

目的：了解并掌握不同水样的采集与保存方法。

水样的采集与保存是水质分析工作的重要环节,使用正确的采样和保存方法并及时送检是分析结果正确反应水中被测组分真实含量的必要条件,因此,在任何情况下,都必须严格遵守取样规则,以保证分析取得可靠结果。所以说水样的采集与保存是地下水污染与防治工作的重要基础之一,也是水文与水资源,环境工程专业技术人员必备的基本功之一。

第一节 水样的采集

一、不同种类水体的采样要求

由于水体性质不同,水样采集的方法也不相同。水体性质,一般可按其成分分为:洁净的或稍受污染的水、污染水、工业废水和生活污水等四种,各种水样的采集均需具有代表性。

(1)洁净的或稍受污染的水,多指地下水与洁净的或稍受污染的地表水,它们的水质一般变化不大。为了保证水样的代表性,对地下水来说,应在经常出流的泉水或经常开采的井中采取,对地表水来说,则应取水体经常流动的部分。由于地下水一般流动极缓,在抽取地下水样时,一般应将抽水开始的一段时间内的水排除,以清除管内、井内的积水。采样点如系停用井、回灌井,一般需在开泵 15~30min 后,待水清后,再进行采取,以保证抽取的真正是含水层中的地下水水样,在不得已情况下,由不经常出流的泉水或不经常开采的井中取样时,应在整理分析成果时,注意分辨其代表性。地表水的取样一般应在水流最汇集的地方采集,取样一般应在水面以下 20~50cm 进行抽取。对于过水断面大的地表水体,应在断面的不同部位和不同深度选择固定点分别取样。

(2)污染水,一般指污染地表水体,或严重污染的地下水,其中后者一般水质变化较慢,可按洁净的或稍受污染的地下水采样要求采集水样,同时查明污染质种类、来源、排放位置及排放特点等。对污染地表水,则应首先查明以上各点,然后按工作目的选择适宜的取样点,采取平均混合水样或平均比例混合水样或与高峰排放有关的瞬时水样等。

(3)工业废水,由于生产工艺过程不同,其成分经常发生变化,因此必须首先研究生产工艺过程、生产情况,然后按工作目的与具体情况确立采集方法、次数、时间,分别采取平均混合水样、平均比例混合水样或高峰排放水样,以保证水样具有代表性。

平均混合水样和平均比例混合水样的采集是根据废水的生产情况,前者是一昼夜或几昼夜中每隔相同时间取等量废水充分混合后,从中倒出 2L 装入另一清洁瓶中,以备检验。后者是按照水流量不同,大时多取,小时少取,按比例取样,充分混合后以备检验。

(4)生活污水与人们的作息时间、季节性的食物种类有关。一天中不同时间的水质不完全一样,其采集方法也可参照工业废水的采样方法,分别采取平均混合水样、平均比例混合水样等。

二、采样容器的准备

采集水样的容器一般应使用具磨口塞的硬质细口玻璃瓶或聚乙烯塑料瓶,当水样中含多量油类或其他有机物时,以玻璃瓶为宜,当测定微量金属离子时,塑料瓶吸附较小,测定二氧化碳必须用塑料瓶取样。测某些特殊项目的水样,可另用取样瓶取样,必要时需添加化学试剂保存。

玻璃瓶可用洗液浸泡,再用自来水和蒸馏水洗净。也可先用碱性高锰酸钾溶液洗,再用草酸水溶液洗,通常可用肥皂、洗涤剂、稀酸等洗器皿,但要注意它们对分析对象的干扰。聚乙烯容器可用10%盐酸或硝酸浸泡,再用自来水洗去酸,所用容器最后都用蒸馏水冲洗干净。

在使用新的聚乙烯塑料容器时,先用肥皂水或洗涤剂刷洗干净后,再依次用1∶1盐酸、1∶1硝酸和蒸馏水分别充满容器浸泡2~3d,最后用蒸馏水洗涤备用。

三、采样的基本要求

(1)采样前都要用欲采集的水样洗涮容器至少三次,然后正式取样。

(2)取样时使水缓缓流入容器,并从瓶口溢出,直至塞瓶塞为止。避免故意搅动水源,勿使泥沙、植物或浮游生物进入瓶内。

(3)水样不要装满水样瓶,应留10~20ml空间,以防温度变化时,瓶塞被挤掉。

(4)取好水样,盖严瓶塞后,瓶口不应漏水,然后用石蜡或火漆封好瓶口。如样品运送较远,则先用纱布或细绳将瓶口缠紧,再用石蜡或火漆封住。

(5)当从一个取样点采集多瓶样品时,则应先将水样注入一个大的容器中,再用大容器迅速分装到各个瓶中。

(6)采集高温水样时,水样注满后,在瓶塞上插入一内径极细的玻璃管,待冷至常温,拔去玻璃管,再密封瓶口。

(7)水样取好后,立即贴上标签,标签上应写明:水温、气温、取样地点及深度、取样时间、要求分析的项目,名称以及其他地质描述。如样品经过化学处理,则应注明加入化学试剂的名称、浓度和数量。并同时在野簿上做好采样记录。

(8)尽量避免过滤样品,但当水样浑浊时,金属元素可能被悬浮微粒吸附,也可能在酸化后从悬浮微粒中溶出。因此,应在采样时立即用$0.45\mu m$滤器过滤,若条件不具备,也可以采取其他适当方式处理。

第二节 水样的保存

一、水样保存的要求和保存措施

适当的保护措施虽然能够降低变化的程度或减缓变化的速度,但并不能完全抑制这种变化。有些测定项目的组分特别容易发生变化，必须在采样现场进行测定，有些项目在采样现场采取一些简单的预处理措施后，能够保存一段时间。水样允许保存的时间与水样的性质、分析的项目、溶液的酸度、贮存容器以及存放温度等多种因素有关。

1. 保存水样的基本要求
(1) 减缓生物作用。
(2) 减缓化合物或络合物的水解及氧化—还原作用。
(3) 减少组分的挥发和吸附损失。

2. 常采用的保存措施
(1) 选择适当材料的容器。
(2) 控制溶液的 pH 值。
(3) 加入化学试剂抑制氧化还原反应和生化作用。
(4) 冷藏或冷冻以降低细菌的活动性和化学反应速度。

针对不同的测定项目，需采取不同的保存方法，详见表 1-1。

表 1-1 水样的保存技术

序号	测定项目		容器材质	保存方法	最长保存时间	备注
1	温度		P、G			现场测定
2	悬浮物		P、G	2～5℃冷藏		尽快测定
3	色度		P、G	2～5℃冷藏	24h	现场测定
4	嗅		G		6h	最好现场测定
5	浊度		P、G			最好现场测定
6	pH		P、G	低于水体温度(2～5℃冷藏)	6h	最好现场测定
7	电导率		P、G	2～5℃冷藏	24h	最好现场测定
8	Ag		P、G	加 HNO_3 酸化至 pH<2 将水样调成或用浓氨水碱性，然后每 100ml 水样中加入 1ml 碘化氰(CNI)，混匀，静置 1h 后分析	数月	尽快测定碘化氰(CNI)，将 6.5g 氰化钾、5.0ml 浓度为 1mol/L 碘溶液和 4.0mol/L 浓氨水加到 50ml 水中，混匀后稀释至 100ml，可稳定两周
9	As		P、G	加 H_2SO_4 酸化至 pH<2	7d	
10	Al	可溶态	P、G	现场过滤加 HNO_3 酸化至 pH<2	6 个月	
		总量	P、G	加 HNO_3 酸化至 pH<2		
11	Ba、Be、Ca、Cd、Co、Cu、Fe、Mg、Ni、Pb、Sb、Se、Sn、Zn、Mn		P、G	同 Al	6 个月	
12	Th、U		P	加 HNO_3 至 HNO_3 的浓度为 1mol/L	6 个月	
13	Cr	六价	P	加 NaOH 至 pH 值为 8～9		当天测定
		总量	P、G	加 HNO_3 酸化至 pH<2		

续表 1-1

序号	测定项目		容器材质	保 存 方 法	最长保存时间	备 注
14	Hg		G	加 HNO_3 酸化至 pH<2,并加入 $K_2Cr_2O_7$ 使其浓度为 0.05%	半个月 数月	
15	硬 度		P、G	2~5℃冷藏	7d	
16	酸度及碱度		P、G	2~5℃冷藏	24h	最好现场测定
17	二氧化碳		P、G			现场测定
18	溶解氧	电极法	G			现场测定
		碘量法	G	加硫酸锰和碱性碘化钾试剂	4~8h	
19	氨氮、凯式氮、硝酸盐氮		P、G	加 H_2SO_4 酸化至 pH<2,温度在 2~5℃冷藏	24h	
20	亚硝酸盐氮		P、G	2~5℃冷藏		立即分析
21	总 氮		P、G	加 H_2SO_4 酸化至 pH<2	24h	
22	可溶性磷酸盐		G	采样后立即过滤,温度在 2~5℃冷藏	48h	
23	总 磷		P、G	加 H_2SO_4 酸化至 pH<2,温度在 2~5℃冷藏	数月	
24	氟化物、氯化物		P	温度在 2~5℃冷藏	28d	
25	总氰化物		P、G	加 NaOH 至 pH>12	24h	
26	游离氰化物		P、G	保存方法取决于分析测定方法		
27	溴化物		P、G		28d	
28	碘化物		P、G	温度在 2~5℃冷藏	24h	
29	余 氯		P、G		6h	最好现场测定
30	硫酸盐		P、G	温度在 2~5℃冷藏	28d	
31	硫化物		P、G	用 NaOH 调至中性,每升水样加 2ml 浓度为 1mol/L 乙酸锌和 1ml 浓度为 1mol/L NaOH	7d	
32	硼		P		28d	
33	COD		P、G	加 H_2SO_4 酸化至 pH<2,在 2~5℃冷藏	7d 24h	最好尽早测定
34	BOD_5		P、G	冷冻 pH<2	一个月 4d	
35	总有机碳(TOC)		G	加 H_2SO_4 酸化至 pH<2,冷冻	7d	
36	油、脂		G	加 H_2SO_4 酸化至 pH<2,在 2~5℃冷藏	24h	
37	有机磷农药		G	在 2~5℃冷藏		现场萃取
38	有机氯农药		G	在 2~5℃冷藏	24h	
39	挥发酚		P、G	每升加 1g $CuSO_4$ 抑制生化作用,用 H_3PO_4 酸化至 pH<2	24h	
40	离子型表面活化剂		G	加入氯仿,在 2~5℃冷藏	7d	
41	非离子型表面活化剂		G	加入 40%(V/V)的甲醛,使样品含 1%(V/V)的甲醛,并使采样容器完全充满,在 2~5℃冷藏	一个月	
42	细菌总数			冷藏	6h	
43	大肠菌群			冷藏	6h	

注:G 为硼硅玻璃;P 为塑料

二、样品的管理

对采集的每一个水样都要做好记录,并在每一个瓶子上做上相应的标记。要记录足够的资料为日后提供肯定的水样鉴别,同时记录水样采集者的姓名、气候条件等。

在现场观测时,现场测量值及备注等资料可直接记录在预先准备的记录表格上。

不在现场进行测定的样品也可用其他形式做好标记。

装有样品的容器必须妥善保护和密封。在运输中除应防震、避免日光照射和低温运输外,还要防止新的污染物进入容器和沾污瓶口。在转交样品时,转交人和接受人必须清点和检查并注明时间,要在记录卡上签字。样品送至实验室时,首先要核对样品,验明标志,确切无误时方能签字验收。

样品验收后,如果不能立即进行分析,则应妥当保存,防止样品组分的挥发或发生变化,以及被污染的可能性。

第二章 水样分析与测试

实验一 水中 pH 值、电导率、游离二氧化碳的现场测定

一、pH 值的测定

(一) 目的
(1) 了解 pH 值的含义。
(2) 掌握玻璃电极法测定水样 pH 值的原理及方法。

(二) 原理
pH 值为水中氢离子活度的负对数。

$$\mathrm{pH} = \log\frac{1}{[\mathrm{H}^+]} = -\log[\mathrm{H}^+]$$

pH 值可间接地表示水的酸碱度。天然水的 pH 值一般在 6～9 范围内。由于 pH 值随水温变化而变化,测定时应在规定的温度下进行,或者校正温度。

玻璃电极法是以玻璃电极为指示电极,饱和甘汞电极为参比电极组成的工作电极,此电池可用下式表示:

Ag,AgCl/HCl/玻璃膜/水样//(饱和)KCl /Hg_2Cl_2,Hg

在一定条件下,上述电池的电动势与水样的 pH 值成直线关系,可表示为:

$$E = K + 0.059\mathrm{pH}(25℃)$$

在实际工作中,不可能用上式直接计算 pH 值,而是用一个确定的标准缓冲液作为基准,并比较包含水样和包含标准缓冲溶液的两个工作电池的电动势来确定水样的 pH 值。

(三) 仪器
(1) 玻璃电极。
(2) 饱和甘汞电极。
(3) 复合电极。
(4) 便携式酸度计、酸度计。
(5) 磁力搅拌器。
(6) 聚乙烯或聚四氟乙烯烧杯。

(四) 试剂
标准缓冲溶液分别为 pH=4.01、6.86、9.18 的标准液。

(五)实验步骤

测定 pH 值的方法最常用的有试纸法、电位法和比色法。

1. pH 试纸法

在要求不太精确的情况下,利用市售的 pH 试纸测定水的 pH 值是简便而快速的方法。

首先用 pH=1~14 的广泛试纸测定水样的大致 pH 值范围,然后用精密 pH 试纸进行测定。测定时,将试纸浸入欲测的水样中,半秒钟后取出,与色版比较,读取相应的 pH 值。

2. pH 电位计法

(1)测定步骤按照所用仪器的使用说明书测试。

(2)将水样与标准溶液调到同一温度,记录测定温度,把仪器温度补偿旋钮调至该温度处。选用与水样 pH 值相差不超过 2 个 pH 值单位的标准溶液校准仪器。从第一个标准溶液中取出电极,彻底冲洗,并用滤纸吸干,再浸入第二个标准溶液中,其 pH 值约与前一个相差 3 个 pH 值单位。如测定值与第二个标准溶液 pH 值之差大于 0.1pH 值时,应该检查仪器、电极或标准溶液是否有问题,当三者均无异常情况时方可测定水样。

先用水仔细冲洗电极,再用水样冲洗,然后将电极浸入水样中,小心搅拌或摇动使其均匀,待读数稳定后记录 pH 值。

3. 注意事项

(1)玻璃电极在使用前应在蒸馏水中浸泡 24h 以上,用毕后要冲洗干净,并浸泡在水中。

(2)测定前不宜提前打开水样瓶塞,以防止空气中的二氧化碳溶入瓶中或水样中的二氧化碳逸失。

(3)测定时复合电极的球泡应全部浸入溶液中,在测定时应小心操作,以免玻璃球泡碰撞碰破。

(4)复合电极球泡受污染时先用稀盐酸溶解无机盐结垢,再用丙酮除去油污(但不能用乙醇)。

二、电导率的测定

(一)目的

(1)了解电导率的含义。

(2)掌握电导率的测定方法。

(二)原理

电导率是以数字表示溶液传导电流的能力。纯水的电导率很小,当水中含无机酸、碱或盐时,电导率就增加。电导率常用于间接推测水中离子成分的总浓度。水溶液的电导率取决于离子的性质和浓度、溶液的温度和黏度等。

电导率的标准单位是 S/m(即西门子/米),此单位与 Ω/m 相当。一般实际使用单位为 mS/m,此单位与 $10\mu\Omega$/cm 相当(μS/cm=微西门子/厘米)。

单位间的互换为:

1mS/m=0.01mS/cm=$10\mu\Omega$/cm=10μS/cm

新蒸馏水电导率为 0.05~0.2mS/m,存放一段时间后,由于空气中的二氧化碳或氨的溶入,电导率可上升至 0.2~0.4mS/m,饮用水电导率随温度变化而变化,温度每升高 1℃,电导率增加约 2%,通常规定 25℃为测定电导率的标准温度。

由于电导是电阻的倒数,因此,当两个电极(通常为铂电极或铂黑电极)插入溶液中,可以测出两电极间的电阻 R。根据欧姆定律,温度一定时,这个电阻值与电极的间距 $L(cm)$ 成正比,与电极的截面积 $A(cm^2)$ 成反比,即:

$$R=\rho \frac{L}{A}$$

由于电极面积 A 与间距 L 都是固定不变的,故 $\frac{L}{A}$ 是一个常数,称电导池常数(以 Q 表示)。

比例常数 ρ 叫作电阻率。其倒数 $\frac{1}{\rho}$ 为电导率,以 K 表示。

$$S=\frac{1}{R}=\frac{1}{\rho Q}$$

S 表示电导度,反映导电能力的强弱。

所以,$K=QS$ 或 $K=Q/R$

当已知电导池常数,并测出电阻后,即可求出电导率。

(三)步骤

注意阅读各种型号的电导率仪使用说明书。

三、水温

水温是主要的水质物理指标,水的物理、化学性质与水温密切相关。水温主要受气温和来源等因素的影响。

因此,水温应在采样现场进行测定。若水层较浅,可只测表层水温,深水(如大的江河、湖泊及海水等)应分层次测温。常用的测量仪器有水温度计、深水温度计、颠倒温度计和热敏电阻温度计。

四、颜色

颜色是反映水体外观的指标。水的颜色可分为"真色"和"表色"。水中悬浮物质完全移去后呈现的颜色称为"真色",没有除去悬浮物时所呈现的颜色称为"表色"。水质分析中所表示的颜色是指水的"真色",因此在测定前需先用澄清或离心沉降的方法除去水中的悬浮物,但不能用滤纸过滤,因为滤纸能吸收部分颜色。有些水样含有颗粒太细的有机物或无机物质,不能用离心机分离,只能测定水样的"表色",这时需要在结果报告上注明。

五、浊度

浊度是表示水中悬浮物对光线透过时所发生的阻碍程度。水中含有泥土、粉砂、有机物、无机物、浮游生物和其他微生物等悬浮物和胶体物质都可使水质呈现浊度。水的浊度是反映水质优劣的一个十分重要的指标,它既反映水的感官的质量,也反映水的内在质量。水的浊度不仅和水中存在颗粒物质含量有关,而且和其粒径大小、形状及颗粒表面对光的散射特性等有密切关系。中国规定采用 1L 蒸馏水中含 1mg 二氧化硅作为一个浊度单位。

测定浊度的方法有分光光度法、目视比浊法、浊度计法。

现在实验室采用的 TDT-2 型浊度仪是用于液体浊度测量的精密仪器。广泛用于自来水行业、石油化工行业、水质处理监测、食品加工及饮料等行业,对水质浊度进行快速、简便、准确的测量,为各行业生产用水、生活用水的浊度指标提供依据。

六、色度

色度是水样颜色深浅的度量。某些可溶性有机物、部分无机离子和有色悬浮微粒均可使水着色。水样的色度应以除去悬浮物后为准。色度通常采用铂钴比色法确定,即把氯铂酸钾和氯化钴配成标准色列,与被测水样的颜色进行比较,并规定浓度为1mg/L的铂所产生的颜色为1度。

七、水中游离二氧化碳的测定

(一)目的

(1)了解游离二氧化碳的含义。
(2)掌握滴定法测定水中游离二氧化碳的原理及方法。

(二)原理

溶于水的二氧化碳称为游离二氧化碳。天然水中二氧化碳主要来源于吸收大气中的二氧化碳以及土壤中的有机物、矿物盐类、微生物分解、岩石变质作用等。地下水中游离二氧化碳的含量一般为15~40mg/L,某些矿泉水中含有大量二氧化碳,饮用时甘甜可口,对人体具有医疗作用。

由于水中二氧化碳极易逸出,因而含量变化范围很大,它影响水中pH值以及其他化学成分的变化,故在水分析中游离二氧化碳的测定是一个主要项目,其测定方法有容量法、重量法、气量法和计量法,其中容量法较为简便,应用较广。

游离二氧化碳能定量与氢氧化钠作用,其反应如下:

$$CO_2 + NaOH \rightarrow NaHCO_3$$

化学计量点pH值约为8.4,可选用酚酞作指示剂。

(三)仪器

(1)锥形瓶。
(2)移液管。
(3)滴定管。

(四)试剂

(1)0.1%酚酞指示剂。称0.10g酚酞溶于100ml 90%乙醇中。
(2)氢氧化钠标准溶液$C(NaOH)=0.050$mol/L。

称2g分析纯氢氧化钠迅速加少量煮沸放冷的蒸馏水溶液,并稀释到1L,转入磨口瓶中,改用橡皮塞塞口,此溶液准确浓度用邻苯二甲酸氢钾标定,步骤为:准确称取0.2g(准确至0.000 2g)在120℃烘干的分析纯邻苯二甲酸氢钾($KHC_8H_4O_4$),放在250ml三角瓶中,加入50ml煮沸过的蒸馏水,溶解后加入4滴酚酞溶液,立即用氢氧化钠溶液滴定到不褪的淡红色,记下消耗氢氧化钠溶液的体积(V),氢氧化钠溶液的标准浓度按下式计算:

$$C(NaOH) = \frac{m \times 1\,000}{V \times M(KHC_8H_4O_4)}$$

式中:m为邻苯二甲酸氢钾的质量(g);V为滴定消耗的氢氧化钠标准溶液的体积(ml);
$M(KHC_8H_4O_4)=204.20$g/mol。

（五）实验步骤

用移液管吸取50ml水样,小心沿瓶壁注入250ml锥形瓶中,加4滴酚酞指示剂,立即用氢氧化钠标准溶液滴定到浅红色不消失为止,记录氢氧化钠标准溶液的体积V_1。

（六）数据及计算

(1) NaOH 标准溶液的浓度 _____ mol/L。

(2) 吸取水样的体积 $V_水$ = _____ (ml)。

用酚酞作指示剂消耗 NaOH 标准溶液体积 V_1(ml)	
第一次	
第二次	
第三次	
平　均	

（七）计算

$$游离二氧化碳(mg/L) = \frac{C(NaOH) \times V_{NaOH} \times 44.01}{V_水} \times 1\,000$$

（八）注意事项

(1) 二氧化碳极易逸出,取样后应首先测定,在吸取和放入三角瓶时一定要小心沿瓶壁流下。

(2) 水样中加入酚酞后显红色,表明无游离二氧化碳。

(3) 滴定中溶液如果出现浑浊,说明重金属离子含量较高,可加5ml 50%的酒石酸钾钠溶液掩蔽后,再进行滴定。

八、思考题

1. 电导率、pH值、水温为什么要现场测定？水样保存时间长,对电导率、pH值、水温测定有何影响？

2. 在一处地下水中,起初CO_2与HCO_3^-之间维持平衡状态,以后由于CO_2的增加,$CaCO_3$被溶解,又出现一个新平衡,在这种情况下,第二次平衡CO_2的含量比第一次平衡CO_2的含量是增加？减少？还是相等？为什么？

实验二 水中酸度、碱度、碳酸根离子、重碳酸根离子、侵蚀性 CO_2 的测定

一、目的

(1) 了解酸度和碱度的基本概念。
(2) 掌握酸碱指示剂滴定法测定酸度和碱度的原理和方法。

二、原理

酸度和碱度是衡量水体变化的重要指标,它们是水的综合性特征指标。

酸度是指水中含有能与强碱发生中和作用的物质的总量,主要来自水样中存在的强酸、弱酸和强酸弱碱盐等物质。在水中由于溶质的离解或水解而产生氢离子,它们与碱标准溶液作用至一定值所消耗的量,称为酸度。酸度数值的大小,随所用指示剂指示终点 pH 值的不同而异。滴定终点的 pH 值有两种规定:用氢氧化钠溶液滴定到 pH=8.3(以酚酞作指示剂)的酸度,称为"酚酞酸度",又称总酸度,用氢氧化钠溶液滴定到 pH=3.9(以甲基橙为指示剂)的酸度,称为"甲基橙酸度"。

碱度是指水中含有能与强酸发生中和作用的物质的总量,主要来自水样中存在的碳酸盐、重碳酸盐及氢氧化物。碱度可用盐酸标准溶液进行滴定,其反应为:

$$CO_3^{2-} + H^+ = HCO_3^- \qquad pH=8.3 \tag{1}$$

$$HCO_3^- + H^+ = H_2O + CO_2\uparrow \quad pH=3.9 \tag{2}$$

$$OH^- + H^+ = H_2O \qquad pH=7.0 \tag{3}$$

这 3 个反应达到等当点时,具有不同的 pH 值,(1)式为 8.3,(2)式为 3.9,(3)式为 7.0,应该用不同的指示剂,如(1)式用酚酞作为指示剂,(2)式用甲基橙作为指示剂,(3)式用酚酞或甲基橙均可。如用酚酞作为指示剂,用酸标准溶液测定水中的酸碱度,即当酚酞变为无色时,水中的 OH^- 全部被酸中和,而 HCO_3^- 仅被中和了一半(即 $CO_3^{2-} + H^+ = HCO_3^-$),因此溶液仍呈碱性(酚酞在 pH=8 时变为无色)。如用甲基橙作为指示剂,用酸标准溶液滴定,甲基橙变为橙色时,不仅水中的 OH^- 被酸中和成为 H_2O,CO_3^{2-} 被酸中和成 HCO_3^-,而且此新生成的 HCO_3^- 和原来的水中的 HCO_3^- 进一步被中和成 CO_2 和水。所以当水中含有上述成分时,由于所用的指示剂不同,测定结果也就不同,因此酸碱度可分为两种:

(1) 酚酞碱度:它是利用酚酞作为指示剂时测定出的结果。它代表水中含有的全部 OH^- 和 CO_3^{2-} 的一半。设此时所消耗的 HCl 的体积为 P ml。

(2) 甲基橙碱度:它是利用甲基橙作为指示剂所测定出的结果。它代表水中所有碱性成分的含量。因此甲基橙碱度又称为总碱度,设此时用去 HCl 的总体积为 M ml(图 2-1 为测定碱度消耗 HCl 体积示意图)。

但水中不可能有以上 3 种碱度成分同时存在的情况,因为 OH^- 和 HCO_3^- 有如下反应:

$$OH^- + HCO_3^- = CO_3^{2-} + H_2O$$

因此它们在水中存在的情况有以下 5 种:①HCO_3^- 单独存在;②OH^- 单独存在;③CO_3^{2-}

单独存在；④HCO_3^- 与 CO_3^{2-} 共存；⑤CO_3^{2-} 与 OH^- 共存。在这几种情况下 M 与 P 的关系不同，其关系见表2-1。

表2-1 碱度中各离子含量与 M、P 的关系

测定结果	OH^- 用去的 HCl(ml)	CO_3^{2-} 用去的 HCl(ml)	HCO_3^- 用去的 HCl(ml)
$P=0$	0	0	M
$P=M$	P	0	0
$P=(1/2)M$	0	$2P$	0
$P<(1/2)M$	0	$2P$	$M-2P$
$P>(1/2)M$	$2P-M$	$2(M-P)$	0

图2-1 测定碱度消耗 HCl 体积示意图

三、仪器

(1) 碱式滴式管。
(2) 酸式滴式管。
(3) 锥形瓶。

四、试剂

(1) 氢氧化钠标准溶液 $C(NaOH)=0.050mol/L$。
(2) 盐酸标准溶液 $C(HCl)=0.050mol/L$。

量取 4.2ml 浓盐酸与蒸馏水混合并稀释到 1L，其准确浓度用碳酸钠基准液或硼砂基准液进行标定。

碳酸钠基准液(0.05mol/L)：准确称取经 250℃烘干 1h 的无水碳酸钠 2.649 7g，溶于适量水中，移入 1L 容量瓶，用水稀释至标线，混匀。

硼砂基准液(0.05mol/L)：准确称取 9.535g 硼砂，溶于适量水中，移入 1L 容量瓶中，用水稀释至标线，混匀。

标定：吸取 0.050mol/L 碳酸钠基准溶液 25.00ml 置于锥形瓶中，加 3 滴甲基橙指示剂，用盐酸标准溶液滴定，至溶液由橙黄色突变为淡橙红色为止，记录滴定消耗盐酸标准溶液体积（硼砂基准液标定方法同上）。

盐酸标准溶液的浓度应按下式计算：

$$C(HCl)=\frac{C(Na_2CO_3) \cdot V_1 \times 2}{V_2}$$

式中：$C(HCl)$ 为盐酸标准溶液的浓度（mol/L）；$C(Na_2CO_3)$ 为碳酸钠基准溶液的浓度（mol/L）；V_1 为吸取碳酸钠基准液体积（ml）；V_2 为滴定消耗盐酸标准溶液体积（ml）。

(3) 0.05%甲基橙指示剂：称 0.05g 甲基橙溶于 100ml 蒸馏水中。
(4) 0.1%酚酞指示剂：称 0.10g 酚酞溶于 100ml 90%乙醇中。

五、碳酸盐和重碳酸盐

方法提要：用标准盐酸溶液滴定水样时，若以酚酞作指示剂，滴定到等当点时，pH=8.3，

此时消耗的酸量仅相当于碳酸盐含量的一半,当再向溶液中加入甲基橙指示剂,继续滴定到化学计量点时,溶液的pH=4.4,这时所滴定的是由碳酸盐所转变的重碳酸盐和水样中原有的重碳酸盐的总和,根据酚酞和甲基橙指示的两次终点时所消耗的盐酸标准溶液的体积,即可分别计算碳酸盐和重碳酸盐的含量。

六、实验步骤

取50ml水样于250ml三角瓶中,加入4滴酚酞指示剂,如出现红色,则用盐酸标准溶液滴定到溶液红色刚刚消失,记录消耗盐酸标准溶液的毫升数V_1。

在此无色溶液中,再加入2滴甲基橙指示剂,继以盐酸标准溶液滴定到溶液由黄色突变为橙红色,记录此时盐酸标准溶液的消耗量V_2。

七、数据及计算

1. 水样中酚酞碱度和甲基橙碱度的测定
(1) $C(HCl)$标准溶液浓度 _____ mol/L。
(2) 吸取水样的体积 $V_{水}$ = _____ (ml)。

用酚酞作指示剂消耗HCl标准液体积 V_1(ml)	用甲基橙作指示剂消耗HCl标准液体积 V_2(ml)
第一次	第一次
第二次	第二次
第三次	第三次
平均	平均

八、计算

$$CO_3^{2-}(mg/L) = \frac{2 \times V_1 \times C(HCl) \times 30.01 \times 1000}{V}$$

$$HCO_3^{-}(mg/L) = \frac{(V_2 - V_1) \times C(HCl) \times 61.02 \times 1000}{V}$$

上述两式中,$V_{水}$为所取水样体积(ml);$C(HCl)$为盐酸标准溶液浓度(mol/L);30.01为与碳酸盐标准溶液[$C(HCl)=1.000$mol/L]相当的以克表示的CO_3^{2-}的质量;61.02为与碳酸盐标准溶液[$C(HCl)=1.000$mol/L]相当的以克表示的HCO_3^{-}的质量。

在计算中有下述3种情况:①若$V_1=V_2$,无HCO_3^{-}、仅有CO_3^{2-};②若$V_1<V_2$,HCO_3^{-}、CO_3^{2-}共存;③若$V_1=0$,无CO_3^{2-},仅有HCO_3^{-}。

九、侵蚀性二氧化碳

水中如含有游离二氧化碳,可使溶解度很小的碳酸钙和碳酸镁成为重碳酸盐而溶解:

$$CaCO_3 + CO_2 + H_2O \rightarrow Ca(HCO_3)_2$$
$$MgCO_3 + CO_2 + H_2O \rightarrow Mg(HCO_3)_2$$

因此,当水中还有过剩的二氧化碳时,即能溶解石灰石及混凝土,对地层及水下建筑物有破坏作用,因而称为侵蚀性二氧化碳。通常采用容量法进行测定。

1. 原理

侵蚀性二氧化碳的测定需要专门取样,当水样中加入碳酸钙粉末后,使侵蚀性二氧化碳溶解相当量的碳酸钙而被固定下来,生成了与侵蚀性二氧化碳含量相当的重碳酸根离子:

$$CaCO_3 + CO_2 + H_2O \rightarrow Ca^{2+} + 2HCO_3^-$$

生成的 HCO_3^-,可用盐酸标准液滴定:$HCO_3^- + H^+ \rightarrow CO_2 + H_2O$

2. 实验步骤

侵蚀性二氧化碳的测定,需要专门水样,将1L水样加入 2~3g 碳酸钙粉末。取测定 CO_2 的专门水样,用移液管吸取上层清液 50ml 放入 250ml 锥形瓶中加 2 滴甲基橙指示剂,用 HCl 标准液滴定到由黄色变为橙色。记录消耗 HCl 标准的毫升数(V_3)。

3. 数据及计算

(1) HCl 标准溶液的浓度_____ mol/L。

(2) 吸取经 $CaCO_3$ 处理过水样体积 $V_3 =$ _____ (ml)。

用 $CaCO_3$ 处理过水样消耗 HCl 标准溶液体积 V_3(ml)	
第一次	
第二次	
第三次	
平　均	

4. 水样中侵蚀性二氧化碳含量的计算

$$侵蚀性二氧化碳(mg/L) = \frac{(V_3 - V_2) \times C(HCl)}{V_{水样}} \times 1\,000 \times 22.00$$

当 $V_2 = V_3$ 时,无侵蚀性;当 $V_2 < V_3$ 时,有侵蚀性。

十、思考题

1. 酚酞碱度和甲基橙碱度为何不同?何种碱度称作总碱度?

2. 计算侵蚀性二氧化碳的含量,为什么要用经大理石粉处理过的水样测得的碱度减去水样原有的碱度?

3. 天然水为何具有碱度?其形成作用是什么?

实验三　水中氯离子的测定

一、目的

掌握用硝酸银滴定法测定水中氯化物的原理和方法。

二、原理

在中性或弱碱性溶液中，以铬酸钾为指示剂，用硝酸银滴定氯化物，由于氯化银的溶解度小于铬酸银的溶解度，当水样中的氯离子被完全沉淀后，铬酸根才以铬酸银形式沉淀出来，产生微砖红色，指示氯离子滴定终点。反应如下：

$$Ag^+ + Cl^- \rightarrow AgCl \downarrow （白色沉淀）$$
$$2Ag^+ + CrO_4^{2-} \rightarrow Ag_2CrO_4 \downarrow （微砖红色沉淀）$$

沉淀形成的迟早与铬酸银离子的浓度有关，必须加入足量的指示剂。且由于有稍过量的硝酸银与铬酸钾形成铬酸银的终点较难判断，所以需要以蒸馏水作为空白滴定，以作对照判断。

本法适用于天然水中氯化物的测定，也适用于经过适当稀释的高矿化废水（咸水、海水等）及经过各种预处理的生活污水和工业废水。

三、仪器

(1) 棕色酸式滴定管。
(2) 锥形瓶。

四、试剂

1. **硝酸银标准液** $[C(AgNO_3)=0.025mol/L]$

(1) 称取 8.5g 硝酸银 $AgNO_3$ 溶于适量水中，移入 1000ml 容量瓶，用水稀释至标线，混匀，贮于棕色瓶中用氯化钠基准溶液标定。

(2) 氯化钠基准溶液 $C(NaCl)=0.050mol/L$。

将基准物氯化钠（NaCl）置于瓷蒸发皿内，在高温炉中 500～600℃下灼烧 40～50min，或在电炉上炒至无爆裂声，放入干燥器冷却至室温，再准确称取 2.9221g 溶于适量水中，仔细地全部移入 1000ml 容量瓶，用水稀释至标线，混匀。

(3) 标定：吸取 0.050mol/L 氯化钠基准溶液 25.00ml，置于 150ml 锥形瓶中，加入 25ml 水和 10%铬酸钾指示剂 10 滴，在不断震荡下用硝酸银标准溶液滴定，至溶液由黄色突变为微砖红色为终点，记录滴定的氯化钠基准溶液体积。

硝酸银标准溶液浓度应按下式计算：

$$C(AgNO_3) = \frac{C(NaCl) \cdot V_1}{V}$$

式中：$C(AgNO_3)$ 为硝酸银标准溶液浓度（mol/L）；$C(NaCl)$ 为氯化钠基准溶液浓度（mol/L）；V_1 为滴定消耗氯化钠基准溶液体积（ml）；V 为吸取硝酸银标准溶液体积（ml）。

2.10%铬酸钾溶液

称取10g铬酸钾溶于100ml蒸馏水中。

五、实验步骤

用移液管吸取50ml水样放入250ml锥形瓶中,加入10滴K_2CrO_4指示剂用$AgNO_3$标准溶液滴定至微砖红色,记录$AgNO_3$标准溶液体积V_2。

取50ml蒸馏水,以同样的方法作空白滴定,记录$AgNO_3$标准溶液体积V_1。

六、数据及计算

(1)$C(AgNO_3)$标准溶液的浓度_____ mol/L。
(2)吸取水样的体积$V_水$ = _____ (ml)。
(3)蒸馏水消耗硝酸银标准溶液体积V_1 = _____ (ml)。

用铬酸钾作指示剂消耗 $AgNO_3$ 标准溶液体积 V_2 (ml)	
第一次	
第二次	
第三次	
平均	

七、计算

$$氯化物(Cl^-, mg/L) = \frac{(V_2 - V_1)C(AgNO_3) \times 35.45 \times 1000}{V}$$

八、思考题

测定Cl^-时,为何可用K_2CrO_4作指示剂?K_2CrO_4浓度的大小如何影响滴定终点?为什么?

实验四 水中总硬度、钙离子的测定

一、目的

(1) 了解水的硬度含义、单位及其换算。
(2) 掌握 EDTA 络合滴定测定水的总硬度的原理及方法。

二、原理

钙是硬度的主要组成之一,镁也是硬度的主要组成之一。总硬度是钙和镁的总浓度。碳酸盐硬度(暂硬度)是总硬度的一部分,相当于水中碳酸盐和重碳酸盐结合的钙、镁所形成的硬度。非碳酸盐硬度(永硬度)是总硬度的另一部分,当水中钙、镁含量超过与它所结合的碳酸盐和重碳酸盐的含量时,多余的钙和镁就与水中氯离子、硫酸根和硝酸根结合成非碳酸盐硬度。

水的总硬度的测定,一般采用络合滴定法,用 EDTA 标准溶液直接滴定水中 Ca、Mg 总量,然后以 Ca 换算为相应的硬度单位。

用 EDTA 滴定 Ca、Mg 总量时,一般是在 pH=10 的氨缓冲液中进行,用铬黑 T 作指示剂。滴定前,铬黑 T 与少量的 Ca^{2+}、Mg^{2+} 络合成酒红色络合物,绝大部分的 Ca^{2+}、Mg^{2+} 处于游离状态。随着 EDTA 的滴入,Ca^{2+} 和 Mg^{2+} 络合物的条件稳定常数大于铬黑 T 与 Ca^{2+}、Mg^{2+} 络合物的条件常数,因此 EDTA 夺取铬黑 T 络合物中的金属离子,将铬黑 T 游离出来,溶液呈现游离铬黑的蓝色,指示滴定终点的到达。

滴定前 $\begin{matrix}Ca^{2+}\\Mg^{2+}\end{matrix}$ +铬黑 T → $\begin{matrix}Ca-铬黑\ T\\Mg-铬黑\ T\end{matrix}$

滴定中 $\begin{matrix}Ca^{2+}\\Mg^{2+}\end{matrix}$ +EDTA → $\begin{matrix}Ca-EDTA\\Mg-EDTA\end{matrix}$

滴定终点 $\begin{matrix}Ca-铬黑\ T\\Mg-铬黑\ T\end{matrix}$ +EDTA → $\begin{matrix}Ca-EDTA\\Mg-EDTA\end{matrix}$ +铬黑

    (酒红色)   (蓝色)

三、仪器

(1) 锥形瓶。
(2) 移液管。
(3) 滴定管。

四、试剂

(1) pH=10 的 NH_3-NH_4Cl 缓冲溶液:称取 20g 分析纯氯化铵溶于 900ml 蒸馏水中,再加 100ml 浓氨水,用水稀释到 1L。
(2) 15% NaOH 溶液:称取 15g NaOH 溶于 100ml 蒸馏水中,贮于塑料瓶中,并拧紧瓶盖。

(3)酸性铬蓝 K-萘酚绿 B 混合指示剂：称取 0.25g 酸性铬蓝 K 和 0.50g 萘酚绿 B,溶于 50ml 蒸馏水中。

(4)EDTA(乙二胺四乙酸二钠盐)标准溶液浓度 $C_{EDTA}=0.010$ mol/L。

称取 3.72gEDTA 二钠($C_{10}H_{14}Na·2H_2O$)溶于 1L 蒸馏水中,其准确浓度用钙标准溶液标定,步骤为：钙基准溶液 $C(Ca)=0.01$ mol/L；称取 1.000 9g120℃烘干的碳酸钙(优级纯)于 250ml 烧杯中,加少量水润湿,再逐滴加入少量 1∶1 盐酸使碳酸钙完全溶解,加 100ml 蒸馏水,煮沸除去二氧化碳,冷却,移入 1L 容量瓶中,定容、摇匀,此标准溶液钙的浓度为 0.010 0mol/L。

标定：吸取 10.00ml 钙标准溶液于 250ml 三角瓶中,加蒸馏水 30ml,加入 5ml15％氢氧化钠溶液和 2 滴酸性铬蓝 K-萘酚绿 B 混合指示剂,用 EDTA(乙二胺四乙酸二钠盐)标准溶液浓度 $C_{EDTA}=0.010\ 0$mol/L 滴定到溶液从红色变成蓝紫色,即为终点。以下式计算 EDTA 溶液的摩尔浓度：

$$C_{EDTA}=\frac{C(Ca)·V_1}{V_2}$$

式中：C_{EDTA} 为 EDTA 二钠标准溶液浓度(mol/L)；$C(Ca)$ 为钙基准溶液浓度(mol/L)；V_1 为吸取钙基准溶液体积(ml)；V_2 为滴定消耗 EDTA 二钠标准溶液体积(ml)。

五、实验步骤

总硬度的测定：用移液管吸取 50ml 水样放入 250ml 锥形瓶中,加入 5ml 氨缓冲,加 1 滴铬黑 T 指示剂,或 K-B 指示剂,此时溶液呈玫瑰红色,立即用 EDTA 标准溶液滴定,在滴定过程中(注意要充分摇匀,特别是快到终点时速度放慢)滴定至玫瑰红色→蓝紫色,记录 EDTA 标准溶液的体积。

Ca^{2+} 的测定：用移液管吸取 50ml 水样放入 250ml 锥形瓶中,加入 1ml15％NaOH 溶液,加 1 滴铬黑 T 指示剂或 K-B 指示剂,然后用 EDTA 滴定,当溶液同玫瑰红色滴至蓝紫色(注意事项同上)滴定终止,记录所用 EDTA 标准液体积。

六、数据及计算

1. 水样中总硬度的测定

(1)C_{EDTA}溶液的浓度_____ mol/L。

(2)吸取水样的体积 $V_水$ = _____ (ml)。

用铬黑 T 或 K-B 指示剂消耗 EDTA 标准液体积 V_1(ml)	
第一次	
第二次	
第三次	
平　均	

2. 总硬度的计算

$$\rho CaCO_3(mg/L)=\frac{(V_1-V_0)\times C_{EDTA}\times 100.09\times 1\ 000}{V}$$

$$总硬度(mmol/L) = \frac{C_{EDTA} \times V_1}{V} \times 1\,000$$

式中:$\rho(CaCO_3)$为总硬度(以 $CaCO_3$ 计)(mg/L);V_0 为空白消耗 EDTA 二钠溶液体积(ml);100.09 为与 1.00mlEDTA 二钠标准溶液(C_{EDTA}二钠$=1.00$mol/L)相当的以克表示的碳酸钙的质量。

3. Ca^{2+} 的测定

(1)C_{EDTA}溶液的浓度_____ mol/L。

(2)吸取水样的体积 $V_水$_____ (ml)。

用铬黑 T 或 K-B 指示剂消耗 EDTA 标准液体积 V_1(ml)	
第一次	
第二次	
第三次	
平　均	

4. Ca^{2+} 的计算

$$钙离子(Ca^{2+}, mg/L) = \frac{(V_1 - V_0) \times C_{EDTA} \times 40.08 \times 1\,000}{V}$$

$$钙离子(Ca^{2+}, mmol/L) = \frac{(V_1 - V_0) \times C_{EDTA} \times 1\,000}{V}$$

式中:40.08 为与 1.00mlEDTA 二钠标准溶液($C_{EDTA}=1.000$mol/L)相当的以克表示的钙的质量。

5. Mg^{2+} 含量的计算

列出算式,分别以 Mg^{2+} mmol/L、mg/L 表示。

$$Mg^{2+}(mmol/L) = 总硬度(mmol/L) - Ca^{2+}(mmol/L)$$
$$Mg^{2+}(mg/L) = Mg^{2+}(mmol/L) \times 24.306$$

七、思考题

1. 为何把钙、镁的总含量称作总硬度?
2. 钙、镁的化学性质很相似,为什么可以分别测定钙、镁的含量?

实验五 水中硫酸根的测定（EDTA 法）

一、目的

掌握 EDTA 络合滴定测定水的 SO_4^{2-} 的原理及方法。

二、实验原理

在微酸性条件下，加入过量的氯化钡（$BaCl_2$）溶液，使水样中的 SO_4^{2-} 与 Ba^{2+} 生成难溶的 $BaSO_4$ 沉淀。

$$Ba^{2+} + SO_4^{2-} = BaSO_4 \downarrow （白色）$$

剩余的钡在 pH=10 的介质中，以铬黑 T 作指示剂，用 EDTA 标准溶液进行滴定。

$$Ba^{2+} + H_2Y^{2-} = BaY^{2-} + 2H^+ \quad K_{稳} = 10^{7.78}$$

水样中原有的钙、镁也将一同被滴定，其所消耗的滴定剂可通过在相同条件下滴定另一份未加沉淀剂的同体积水样而扣除。为使滴定的终点清晰，应保证试样中含有一定量的镁，为此可用钡、镁混合液作沉淀剂。通过空白试验来确定加入的钡、镁所消耗滴定剂体积，减去沉淀硫酸盐后剩余的钡、镁所消耗滴定剂体积，即可计算出消耗于沉淀硫酸盐的钡量，进而求出硫酸盐的含量。

三、仪器

(1) 锥形瓶。
(2) 移液管。
(3) 滴定管。
(4) 电炉。

四、试剂

(1) pH=10 的 NH_3-NH_4Cl 缓冲溶液：称取 20g 分析纯氯化铵溶于水，加 100ml 浓氨水，用蒸馏水稀释至 1L。
(2) 钡镁混合液：称取 2.44g 的 $BaCl_2 \cdot 2H_2O$ 和 $1gMgCl \cdot 6H_2O$ 共溶于 1L 蒸馏水中。
(3) K-B 指示剂（同上）。
(4) EDTA（乙二胺四乙酸二钠盐）标准溶液。

五、实验步骤

(1) 取 5ml 水样于 10ml 比色管中，加 2 滴盐酸溶液，加 5 滴氯化钡溶液，摇匀，观察沉淀生成情况，按下表确定取样体积及钡、镁混合液用量。

取样体积及钡、镁混合液用量

浑浊情况	硫酸盐含量(mg/L)	取样体积(ml)	钡、镁混合液用量(ml)
微浑浊	<25	100	5
浑浊	25~50	50	10
很浑浊	50~100	25	10
沉淀	100~200	10	10
大量沉淀	>200	<10	15

(2) 用移液管吸取 50ml 水样放入锥形瓶中,加 1~2 滴 1:1 HCl,加 $BaCl_2$、$MgCl_2$ 混合液 10ml,放在电炉上加热煮沸到水样体积约 20ml,冷却约 10min,加入 5ml 氨缓冲溶液,再加 1 滴铬黑 T 指示剂或 K-B 指示剂,用 EDTA 标准液滴定至溶液变为蓝紫色,记录消耗 EDTA 标准溶液体积为 V_1(注意滴定快到终点时速度要慢,要充分摇匀以免实验不准确,因 EDTA 为铬合物,反应速度较慢)。

(3) 空白实验:吸取 50ml 蒸馏水于 250ml 锥形瓶中,加 1:1 HCl 1~2 滴,加入 10ml 钡、镁混合液,在电炉上加热煮沸到蒸馏水体积约为 20ml,冷却后加入 5ml 氨缓冲,加 1 滴铬黑 T 指示剂或 K-B 指示剂,方法同上,滴定完毕,记录 EDTA 标准溶液的毫升数 V_2。

六、数据及计算

1. 水样中 SO_4^{2-} 的测定

(1) C_{EDTA} 标准溶液的浓度_____mol/L。

(2) SO_4^{2-} 空白测定消耗 EDTA 标准溶液体积 V_2=_____(ml)。

(3) 水中总硬度测定消耗 EDTA 标准溶液体积 V_3=_____(ml)。

(4) 吸取水样的体积 $V_水$=_____(ml)。

用铬黑 T 指示剂消耗 EDTA 标准溶液体积 V_1(ml)	
第一次	
第二次	
第三次	
平均	

2. 计算

$$SO_4^{2-}(mmol/L) = \frac{[(V_2+V_3)-V_1] \times C_{EDTA}}{V_水} \times 1000$$

$$SO_4^{2-}(mg/L) = SO_4^{2-} mmol/L \times 96.06$$

七、思考题

测定 SO_4^{2-} 时,为何对水样要进行加热煮沸处理?试分析不进行水样处理,测 SO_4^{2-} 时其测值会如何变化?

实验六　高锰酸盐指数的测定

一、目的

(1) 了解高锰酸盐指数的含义。
(2) 掌握氧化—还原滴定法测定水中高锰酸盐指数的原理及方法。

二、原理

高锰酸盐指数,是指在一定条件下,以高锰酸钾为氧化剂,处理水样时所消耗的氧量,单位以氧的 mg/L 来表示。水中的亚硝酸盐、亚铁盐、硫化物等还原性无机物和在此条件下可被氧化的有机物,均可消耗高锰酸钾。因此,高锰酸盐指数常被作为水体受还原性有机物和无机物污染程度的一项指标,它只适用于地表水、饮用水和生活污水,不适用于工业废水。

根据测定时溶液的酸度分为酸性法和碱性法。当氯离子浓度高于 300mg/L 时,应采用碱性法。对于较清洁的地面水和污染水体中氯化物含量不高的水样,通常采用酸性法。

在酸性条件下,用高锰酸钾将水样中的还原性物质(有机物和无机物)氧化,反应剩余的 $KMnO_4$ 加入体积准确而过量的草酸钠予以还原。过量的草酸钠再以 $KMnO_4$ 标准溶液回滴,其反应式如下:

$$MnO_4^- + 8H^+ + 5e = Mn^{2+} + 4H_2O$$

$$2MnO_4^- + 16H^+ + 5C_2O_4^{2-} = 2Mn^{2+} + 8H_2O + 10CO_2 \uparrow$$

此法的最低检出限为 0.5mg/L,测定上限为 4.5mg/L。

三、仪器

(1) 锥形瓶。
(2) 移液管。
(3) 滴定管。
(4) 容量瓶。
(5) 量筒。
(6) 水浴锅。

四、试剂

1. 硫酸(1:3)

在 3 份体积的蒸馏水中,慢慢加入比重为 1.84 的浓硫酸 1 份。

2. 草酸钠溶液

(1) $C(1/2Na_2C_2O_4) = 0.1000mol/L$ 草酸溶液。

精确称取 0.6705g 草酸($H_2C_2O_4 \cdot 2H_2O$)溶于水中,并移入 100ml 容量瓶中,加水至标线,置于暗处保存。

(2) $C(1/2Na_2C_2O_4) = 0.1000mol/L$ 草酸溶液,将上述草酸溶液准确稀释 10 倍,置于冰

箱中保存。

3. 高锰酸钾溶液

(1)$C(1/5KMnO_4)=0.1000mol/L$ 高锰酸钾溶液:称3.2g高锰酸钾,加到溶液1.2L水中,加热煮沸15min,使体积减少到约1L,静置过夜,用虹吸管小心地将上层清液移入棕色瓶内,并按下法标定。

取10.0ml高锰酸钾溶液于250ml锥形瓶内,加80ml水、5ml的1∶3硫酸溶液,加热煮沸10min后再迅速加高锰酸钾溶液,不停振荡,直至发生微红色为止,不必记录用量,然后将锥形瓶继续加热煮沸,加入10.0ml的0.1000mol/L草酸标准溶液,迅速用高锰酸钾溶液滴定至微红色为止,记录用量。计算高锰酸钾溶液的准确mmol/L浓度,并校正至0.1000mmol/L。

(2)$C(1/5KMnO_4)=0.0100mol/L$ 高锰酸钾溶液:将上述标定好的高锰酸钾溶液(0.1000mol/L)准确稀释10倍。

五、实验步骤

(1)水样的测定:取一定量的水样(小于100ml)或已稀释的水样于250ml锥形瓶中,加5ml的1∶3H_2SO_4,混匀,加数粒玻璃珠,在水浴上加热到沸腾,煮沸30min,水溶液面要高于反高溶液的液面。稍冷后,加入10.00ml的0.0100mol/L草酸钠溶液摇匀,立即用0.0100mol/L高锰酸钾溶液滴定至微红色,记录高锰酸钾的用量(V_1)。

(2)高锰酸溶液校正系数(K)的测定。将上述已滴定完毕的溶液加热到60~80℃,准确加入10.00ml的0.0100mol/L草酸钠溶液,立即用高锰酸钾溶液滴定至微红色,记录耗用的高锰酸钾溶液体积(V_2)。

(3)空白值测定。若水样用蒸馏水稀释时,则另取100ml蒸馏水,按水样操作步骤进行空白试验,记录耗用的高锰酸钾的体积(V_0)。

六、数据及计算

(1)草酸钠标准溶液浓度 $C(1/2Na_2C_2O_4)$ _____(mol/L)。
(2)吸取水样的体积 $V_{水样}=$ _____(ml)。
(3)水样回滴时高锰酸钾的耗用量 V_1 _____(ml)。
(4)水样回滴完毕经加热处理时高锰酸钾的耗用量 V_2 _____(ml)。
(5)高锰酸钾溶液的校正系数 $K=\dfrac{10.00}{V_2}$ _____。
(6)8——氧(1/2O)的摩尔质量。

测定水样回滴时高锰酸钾的耗用量 V_1(ml)	
第一次	
第二次	
平　均	

测定水样回滴完毕后经加热处理时高锰酸钾的耗用量 V_2(ml)	
第一次	
第二次	
平　均	

(7) 水样不经稀释，计算

高锰酸盐指数(O_2, mg/L) = $\dfrac{[(10+V_1)K-10] \times C(1/2)Na_2C_2O_4 \times 8 \times 1\,000}{V_{水样}}$

(8) 水样经稀释，高锰酸盐指数(O_2, mg/L)

= $\dfrac{\{[(10+V_1)K-10]-[(10+V_0)K-10]R\} \times C(1/2Na_2C_2O_4) \times 8 \times 1\,000}{V_{水样}}$

测定水样回滴时高锰酸钾溶液的耗用量 V_1 _____ (ml)。
空白试验回滴时高锰酸钾溶液的耗用量 V_2 _____ (ml)。
高锰酸钾溶液校正系数 K _____。
稀释的水样中所含蒸馏水的比值 R _____。
8——氧(1/2O)的摩尔质量。

七、注意事项

(1) 在水浴中加热完毕后，溶液仍应保持淡红色，如变浅或全部褪去，应将水样的稀释倍数加大后再测定。

(2) 在酸性条件下，草酸钠和高锰酸钾反应的温度保持在 60~80℃，所以滴定操作必须趁热进行，若溶液温度过低，需适当加热。

八、思考题

1. 高锰酸钾滴定草酸时，应注意哪些反应条件？在什么情况下应用碱性高锰酸钾法测化学需氧量？为什么？
2. 配制硫酸亚铁铵标准溶液时，为什么要加浓硫酸？
3. 试推导高锰酸钾法和重铬酸钾法测化学需氧量的计算公式。
4. 为什么要做空白实验？在做空白实验时应注意哪些问题？
5. 水样加酸酸化时，为什么必须缓慢加入，摇匀后才能进行回流？

实验七 化学需氧量(COD_{Cr})的测定

一、目的

(1) 了解化学需氧量的含义。
(2) 正确理解氧化还原反应在滴定分析法中的应用,掌握回流消解方法;学会安装回流装置。

二、原理

化学需氧量(COD_{Cr})是指在一定条件下,用强氧化剂处理水样时所消耗氧化剂的量,以氧的 mg/L 来表示,它反映了水中受还原性物质污染的程度。水中还原性物质包括有机物、亚硝酸盐、亚铁盐、硫化物等。水被有机物污染是很普遍的,因此化学需氧量也作为有机物相对含量的指标之一。

化学需氧量是一个条件性指标,它受加入氧化剂种类、浓度以及反应的酸度、温度、时间等影响,为此测定时必须严格操作步骤。

对于工业废水,我国规定用重铬酸钾法测定,测得的值称为 COD_{Cr}。

一定量的重铬酸钾,在强酸条件下,将水中的有机物质氧化,过量的重铬酸钾,以试亚铁灵作指示剂,用硫酸亚铁铵溶液进行回滴,通过消耗的重铬酸钾量即可算出水中含有有机物所消耗氧的量 $mg/L(COD_{Cr})$。

本法将大部分的有机物氧化,但直链烃、芳香烃等化合物仍不能氧化,若加硫酸银作为催化剂时,直链化合物亦可被氧化,但对某些芳香烃仍无效。

氯离子在此条件下亦被氧化而生成氯气,消耗一定量的重铬酸钾,因而会干扰测定。

使用重铬酸钾作氧化剂时与有机物的反应

$$2Cr_2O_7^{2-} + 16H^+ + 3C \rightarrow 4Cr^{3+} + 8H_2O + 3CO_2 \uparrow$$

过量的重铬酸钾以试亚铁灵为指示剂,以亚铁盐(溶液)回滴

$$Cr_2O_7^{2-} + 14H^+ + 6Fe^{2+} \rightarrow 6Fe^{3+} + 2Cr^{3+} + 7H_2O$$

氯化物的干扰反应

$$Cr_2O_7^{2-} + 14H^+ + 6Cl^- \rightarrow 3Cl_2 \uparrow + 2Cr^{3+} + 7H_2O$$

在测定过程中加 $HgSO_4$,而排除氯离子的干扰,其反应式

$$Hg^{2+} + 4Cl^- \rightarrow [HgCl_4]^{2-}$$

三、仪器

(1) 回流装置(磨口三角烧瓶或圆底烧瓶冷凝装置)。
(2) 500ml 三角烧瓶。
(3) 称液管、容量瓶。
(4) 电热板或电炉。

四、试剂

(1)重铬酸钾标准溶液$[C(1/6K_2Cr_2O_7)=0.2500\text{mol/L}]$。

称取在180℃烘箱内干燥恒重的纯重铬酸钾12.2576g,溶于水中,转移到1000ml容量瓶中,用水稀释至标线,摇匀。

(2)试亚铁灵指示剂。称取1.485g邻菲罗啉$(C_{12}H_8N_2\cdot H_2O)$和0.695g硫酸亚铁铵$(FeSO_4\cdot 6H_2O)$溶于水中,稀释至100ml,贮于棕色瓶中。

(3)硫酸亚铁铵标准溶液$[C[FeSO_4(NH_4)_2SO_4\cdot 6H_2O]=0.1000\text{mol/L}$ 称取39.5g硫酸亚铁铵$[FeSO_4(NH_4)_2SO_4\cdot 6H_2O]$溶于水中,加入20ml浓硫酸,冷却后稀释至1000ml。临用前用重铬酸钾标准溶液按下述方法标定:

用移液管吸取10.00ml重铬酸钾标准溶液于500ml锥形瓶中,用水稀释至110ml,缓慢加入20ml浓硫酸,混匀。冷却后加2~3滴试亚铁灵指示剂,用硫酸亚铁铵标准溶液由黄色经蓝绿刚变为红褐色即为终点;计算出其浓度:$C[(NH_4)_2Fe(SO_4)_2]=0.2500\times 10/V$。

(4)硫酸汞(结晶状)。

(5)消化液于1L浓硫酸中加入10g硫酸银,放置1~2天,不时摇动使其溶解。

五、实验步骤(方法一)

(1)用移液管吸取50.00ml的均匀水样(污染严重的水可以少取些,用水稀释至50ml)于500ml锥形瓶中,加入10.00ml重铬酸钾标准溶液,慢慢加入20ml消化液,摇匀。加数粒玻璃珠,加热回流2h。

若水样中氯离子大于30mg/ml时,先将水样做预处理,取水样50.00ml,加0.4g硫酸汞和5ml浓硫酸,摇匀。

(2)冷却后,先用约25ml水冲洗冷凝管器壁,然后取下锥形瓶,再用水稀释至90ml。加2~3滴试亚铁灵指示剂于锥形瓶中,用硫酸亚铁铵标准溶液滴定至溶液由黄色到蓝绿色,刚变为红褐色时为终点,记录消耗硫酸亚铁铵标准溶液体积V_1(ml)。

(3)同时以50.00ml蒸馏水代替水样,其他步骤与测定样品的操作相同,记录消耗硫酸亚铁铵标准溶液体积V_0(ml)。

六、数据及计算

(1)硫酸亚铁铵标准溶液浓度 $C=$ _____ mol/L。
(2)水样消耗硫酸亚铁铵标准溶液体积 V_1 _____ (ml)。
(3)空白消耗硫酸亚铁铵标准溶液体积 V_0 _____ (ml)。
(4)吸取水样的体积 $V_水$ _____ (ml)。

水样消耗硫酸亚铁铵标准溶液体积 V_1(ml)	
第一次	
第二次	
平 均	

(5)计算:化学需氧量$(O_2, mg/L) = \dfrac{(V_0 - V_1)C \times 8 \times 1\,000}{V_\text{水}}$。

七、微波消解 COD 测定仪(方法二)

化学耗氧量(COD)是人们评价水体被污染程度的一项重要的综合性指标。目前,国内水环境监测部门大多采用 GB11914—89 方法测定化学耗氧量(COD),此方法需要经过高温加热回流 2h 后,再进行化学滴定方法进行测定,耗时耗电。而利用"微波密封消解 COD 快速测定仪"(简称"微波消解法")进行消解,可以将消解时间缩短至 15min 以内;同时,强酸试剂耗量小,减少了操作的危险性;微波消解法方法原理及操作接近 GB11914—89 方法,易于理解与掌握。

适用范围:适用于各种类型的含 COD 值大于 30mg/L 的水样;对未经稀释的水样的测定上限为 1 280mg/L。微波消解法不适用于含氧化合物大于 2 000mg/L(稀释后)的含盐水,若氯离子浓度过高时,可以视实际情况稀释水样或补加适量硫酸汞,保持$[Cl^-]:[HgSO_4] = 2\,000:0.10$的比例,若出现少量沉淀,亦不影响测定。

1. 原理

在水样中加入已知量的重铬酸钾溶液,并在强酸介质下以银盐作催化剂,经微波消解后,以试亚铁灵为指示剂,用硫酸亚铁铵滴定水样中未被还原的重铬酸钾,由消耗的硫酸亚铁铵换算成消耗氧的质量浓度。

微波消解过程是用频率为 2 451MHz(兆赫)的电磁波(称微波)能量来加热反应液,反应液中分子产生高速摩擦运动,使其温度迅速升高,另外还采用密封消解方式,使消解罐内部压力迅速提高到约 203kPa。因此,此方法不仅缩短了消解时间,而且还可以抑制氯离子被重铬酸钾氧化成氯气。

2. 试剂

(1)浓度为 $C(1/6K_2Cr_2O_7) = 0.200mol/L$ 的重铬酸钾标准溶液。将 9.806g 在 102℃烘干 2h 的重铬酸钾(GR)溶于 500ml 水中,边搅拌边慢慢加入浓硫酸 250ml,冷却后,移入 1 000ml 容量瓶,稀释至刻度,摇匀。此溶液适用于含氯离子浓度小于 1 000mg/L 的水样。

(2)浓度为 $C(1/6K_2Cr_2O_7) = 0.050mol/L$ 的重铬酸钾标准溶液。将(1)的溶液稀释 4 倍而成。

(3)浓度为 $C(1/6K_2Cr_2O_7) = 0.200mol/L$ 的重铬酸钾标准溶液(含硫酸汞)。将 9.806g 在 102℃烘干 2h 的重铬酸钾(基准)溶于 600ml 水中,再加入硫酸汞 25.0g,边搅拌边慢慢加入浓硫酸 250ml,冷却后,移入 1 000ml 容量瓶,稀释至刻度,摇匀。此溶液适用于含氯离子浓度大于 1 000mg/L 的水样。

(4)其他试剂同上(四)。

3. 仪器

(1)消解装置:微波密封消解 COD 快速测定仪。

(2)150ml 锥形三角瓶等常用实验室仪器。

(3)25ml 酸式滴定管。

4. 测试步骤

(1)用直吹式移液管吸取水样 5.00ml 置于消解罐中,准确加入 5.00ml 消解液和 5.00ml

催化剂,摇匀。

(2)旋紧密封盖,注意使用消解罐密封良好,将罐均匀放置在消解炉玻璃盘上,离转盘边沿约 2cm 圆周上单圈排好。

(3)样品的消解时间取决于放置的消解罐数目,消解不同数目的样品(不得少于 3 个),可按消解时间设定表输入消解时间。

消解时间设定表

消解罐数目	3	4	5	6	7	8	9	10
消解时间(min)	6	7	8	9	10	11	12	13

(4)滴定法测定 COD 结果。当定时消解完成时,消解炉发出鸣响,过 2min 后,将消解罐取出,冷却,打开密封盖,将反应液转移到 150ml 锥形瓶中,用蒸馏水冲洗消解罐帽 2～3 次,冲洗液并入锥形瓶中,控制体积约 30ml,加入 2 滴试亚铁灵指示剂,用硫酸亚铁铵标准溶液回滴,溶液的颜色由黄色经蓝绿色至红褐色即为终点。记录硫酸亚铁铵标准溶液的用量 V_1,同时以 5.00ml 蒸馏水代替水样,其他步骤与测定样品的操作相同,记录消耗硫酸亚铁铵标准溶液体积 V_0(ml)。

5. **数据及计算**

(1)硫酸亚铁铵标准溶液浓度 $C=$ _____ mol/L。

(2)水样消耗硫酸亚铁铵标准溶液体积 V_1 _____ (ml)。

(3)空白消耗硫酸亚铁铵标准溶液体积 V_0 _____ (ml)。

(4)吸取水样的体积 $V_水$ _____ (ml)。

(5)8——氧(1/2O)摩尔质量(g/mol)。

水样消耗硫酸亚铁铵标准溶液体积 V_1(ml)	
第一次	
第二次	
平　均	

(6)计算:$COD_{Cr}(O_2, mg/L) = \dfrac{(V_0 - V_1)C \times 8 \times 1\,000}{V_水}$

八、注意事项

(1)用本法测定时,0.4g 硫酸汞可与 40mg 氯离子结合,如果氯离子浓度更高,应补加硫酸汞以使硫酸汞与氯离子的质量比为 10∶1,产生轻微沉淀不影响测定。如水样中氯离子的含量超过 1 000mg/L,则需要按其他方法处理。

(2)加浓硫酸后必须使其充分混匀才能加热回流,回流时溶液的颜色变绿,说明水样的化学需氧量太高,需将水样适当稀释后重新测定,加热回流后,溶液中重铬酸钾剩余量为原来量的 0.2～0.25 为宜。

(3)滴定前需将溶液体积稀释至 350ml 左右,以控制溶液的酸度,酸度太大则终点不明显。

(4)若水样中含易挥发性有机物,在加消化液时,应在水浴中进行,或者从冷凝器顶端慢慢加入,以防易挥发性有机物损失,使结果偏低。

(5)水样中若有亚硝酸盐氮对测定会有影响,1mg 亚硝酸氮相当 1.14mg 化学需氧量,可按 1mg 硝酸盐氮加入 10mg 氨基磺酸来消除。蒸馏水空白中也应加入等量的氨基磺酸。

九、思考题

1. 为什么需要做空白实验?
2. 化学需氧量测定时,有哪些影响因素?

实验八 溶解氧(DO)的测定

一、目的

熟练掌握碘量法的测定原理及过程,掌握水样中氧的固定方法,并为水质指标 BOD 的测定打下基础。

二、原理

溶解于水中的分子态氧称为溶解氧。水中溶解氧的含量与大气压力、水温及含盐量等因素有关。大气压力下降、水温升高、含盐量增加,都会导致溶解氧含量降低。

清洁地表水溶解氧接近饱和。当有大量藻类繁殖时,溶解氧可能过饱和;当水体受到有机物质、无机物质污染时,会使溶解氧降低,甚至趋于零,此时厌氧细菌繁殖活跃,水质恶化。水中溶解氧低于 3~4mg/L 时,许多鱼类呼吸困难;如果水中溶解氧继续减少,则会窒息死亡。在这种情况下,厌氧菌繁殖并活跃起来,有机物发生腐败作用,会使水源有臭味。一般规定水体中的溶解氧至少在 4mg/L 以上。在废水生化处理过程中,溶解氧也是一项重要控制指标。

测定水中溶解氧的方法有碘量法、修正法和氧电极法。清洁水可用碘量法;受污染和地面水和工业废水必须用修正的碘量法或氧电极法。

水样中加入硫酸锰和碱性碘化钾,在溶解氧的作用下,生成氢氧化锰沉淀,此时氢氧化锰性质极不稳定,继续氧化生成锰酸。

$$4MnSO_4 + 8NaOH = 4Mn(OH)_2 \downarrow + 4Na_2SO_4$$
$$2Mn(OH)_2 \downarrow + O_2 = 2H_2MnO_3 \downarrow$$
$$2H_2MnO_3 + 2Mn(OH)_2 = 4H_2O + 2MnMnO_3 \downarrow$$

棕黄色沉淀,溶解氧越多,沉淀颜色越深。加酸后使已经化合的溶解氧(以 $MnMnO_3$ 的形式存在)与溶液中所存在的碘化钾起氧化作用而释出碘。

$$4KI + 2H_2SO_4(浓) = 4HI + 2K_2SO_4$$
$$2MnMnO_3 + 4H_2SO_4(浓) + 4HI = 4MnSO_4 + 2I_2 + 6H_2O$$

以淀粉作指示剂,用硫代硫酸钠标准溶液滴定,可以计算出水样中溶解氧含量,滴定反应为

$$4Na_2S_2O_3 + 2I_2 = 2Na_2S_4O_6 + 4NaI$$

三、仪器

(1)具塞碘量瓶。
(2)酸式滴定管。
(3)移液管。
(4)三角瓶。

四、试剂

(1)硫酸锰溶液。称取 480g 硫酸锰($MnSO_4 \cdot 4H_2O$ 或 364g 的 $MnSO_4 \cdot H_2O$)溶于水,

用水稀释至1 000ml。此溶液加至酸化过的碘化钾溶液中,遇淀粉不得产生蓝色(即此溶液中不得含有高价锰)。

(2)碱性碘化钾溶液。称取500g氢氧化钠溶解于300～400ml水中,另称取150g碘化钾(或135gNaI)溶于200ml水中,待氢氧化钠溶液冷却后,将两溶液合并,混匀,用水稀释至1 000ml。如有沉淀,则放置过夜后,倾出上清液,贮于棕色瓶中。用橡皮塞塞紧,避光保存;此溶液酸化后,遇淀粉应不呈蓝色。

(3)浓硫酸。

(4)1:5 硫酸溶液。

(5)1% 淀粉溶液。称取1g可溶性淀粉,用少量水调成糊状,再用刚煮沸的水冲稀至100ml。冷却后,加入0.1g水杨酸或0.4g氯化锌防腐。

(6)$C(1/6K_2Cr_2O_7)=0.025\ 0mol/L$ 的重铬酸钾标准溶液。称取于105～110℃烘干2h并冷却的重铬酸钾1.225 8g,溶于水,移入1 000ml容量瓶中,用水稀释至标线,摇匀。

(7)硫代硫酸钠溶液。称取6.2g硫代硫酸钠($Na_2S_2O_3 \cdot 5H_2O$)溶于煮沸放冷的水中,加入0.2g碳酸钠,用水稀释至1 000ml。贮于棕色瓶中,使用前用0.025 0mol/L重铬酸钾标准溶液标定,标定方法如下:于250ml碘量瓶中,加入100ml水和1g碘化钾,加入10.00ml浓度为0.025 0mol/L重铬酸钾标准溶液、5ml硫酸溶液(1:5),密塞、摇匀。此时反应为:

$$K_2Cr_2O_7 + 6KI + 7H_2SO_4 = 4K_2SO_4 + 3I_2 + Cr_2(SO_4)_3 + 7H_2O$$

$$I_2 + 2Na_2S_2O_3 = 2NaI + Na_2S_4O_6$$

将其于暗处静置5min后,用待标定的硫代硫酸钠溶液滴定至溶液呈淡黄色,加入1ml淀粉指示剂,继续滴定至蓝色刚好褪去为止。记录用量V,则硫代硫酸钠的浓度:

$$C(1/2Na_2S_2O_3)=\frac{10\times0.025\ 0}{V}$$

五、实验步骤

1. 水样采集

对于人不易下去的深井、废水池及地下水,取样容器根据要求来选择,对于管路、明渠及地表可直接用溶解氧瓶采集水样。采集水样时,要注意不使水样曝气或有气泡残存在采样瓶中。可用水样冲洗溶解氧瓶后,沿瓶壁直接倾注水样或用虹吸法将细管插入溶解氧瓶底部,注入水样至溢流出瓶容积的1/3～1/2。水样采集后,为防止溶解氧的变化,应立即加固定剂于水样中,并存于冷暗处,同时记录水温和大气压力。

2. 水样测定

(1)溶解氧的固定。用吸管插入溶解氧瓶的液面下,加入1ml硫酸锰溶液、2ml碱性碘化钾溶液,盖好瓶塞,颠倒混合数次,静置。待棕色沉淀物沉至瓶内一半时,再颠倒混合一次,待沉淀物下降到瓶底,一般均在取样现场固定。

(2)溶解。打开瓶塞,立即用吸管插入液面下加入2.0ml浓硫酸。小心盖好瓶塞,颠倒混合摇匀,至沉淀物全部溶解为止(若沉淀溶解不完,应再补加浓硫酸),放置暗处5min。

(3)滴定。吸取100.0ml上述溶液于250ml锥形瓶中,用硫代硫酸钠溶液滴定至溶液呈淡黄色,加入1ml淀粉溶液,继续滴定至蓝色刚好褪去为止,记录硫代硫酸钠溶液的用量。

六、数据及计算

(1)硫代硫酸钠溶液浓度 $C=$ _____ (mol/L)。
(2)滴定时消耗硫代硫酸钠溶液体积 V_1 _____ (ml)。
(3)吸取水样的体积 $V_水$ _____ (ml)。
(4)8——氧(1/2O)摩尔质量(g/mol)。

滴定水样时消耗硫代硫酸钠体积 V_1(ml)	
第一次	
第二次	
平　均	

(5)计算

$$溶解氧(O_2,mg/L)=\frac{V_1 \times C \times 8 \times 1\,000}{V_水}$$

七、注意事项

(1)如水样中含有氧化物质(如游离氯大于 0.1mg/L 时),应预先加入相当量的硫代硫酸钠去除。即用两个溶解氧瓶各取一瓶水样,在其中一瓶加入 5ml(1∶5)硫酸和 1g 碘化钾,摇匀,此时游离出碘。以淀粉作为指示剂,用硫代硫酸钠溶液滴定至蓝色刚褪,记下用量。于另一瓶水样中,加入同样量的硫代硫酸钠溶液,摇匀后,按上述步骤进行固定和测定。

(2)水样中如含有大量悬浮物,由于吸附作用要消耗较多的碘而将干扰测定,可在采样瓶中用吸管插入液面下,如加入 1ml 的 10％明矾[$KAl(SO_4)_2 \cdot 12H_2O$]溶液,再加入 1~2ml 浓氨水,盖好瓶塞,颠倒混合,放置 10min 后,将上清液虹吸至溶解氧瓶中,进行固定和测定。

(3)水样中如含有较多亚硝酸盐氮和亚铁离子,由于它们的还原作用而会干扰测定,可采用叠氮化钠修正法进行测定。

八、思考题

1. 为什么碘量法要在中性或弱酸性溶液中进行?
2. 水样中有还原干扰时,对测定结果有何影响?试写出用 $KMnO_4$-草酸体系消除这些干扰的反应式。
3. 除上述干扰外,碘量法本身可能有哪些原因会产生误差?如何消除?

实验九 五日生化需氧量(BOD_5)的测定

一、目的

通过本实验,熟悉生化需氧量(BOD_5)的测定过程。

二、原理

生化需氧量是指在好氧条件下,生物分解有机物质的生物化学过程中所需要的溶解氧量。生物分解有机物是一个缓慢的过程,要把可分解的有机物全部分解掉常需要 20d 以上的时间,目前国内外普遍采用 20℃下 5d 培养时间所需要的氧作为指标,以氧的 mg/L 表示,称为 BOD_5。

取两份水样分别置于溶解氧瓶中,其中 1 份放入 20℃培养箱中培养 5d 后,测定溶解氧,另 1 份当天测定溶解氧,按公式计算 BOD_5。

三、仪器

(1) 恒温培养箱(20±1℃)。
(2) 20L 细口玻璃瓶。
(3) 1 000ml 量筒。
(4) 其他仪器和碘量法测定溶解氧相同。

四、试剂

除需要测定溶解氧的全部试剂外,尚需配制下列试剂。
(1) 氯化钙溶液,称取 27.5g 无水氯化钙,溶于水中,稀释到 1 000ml。
(2) 三氯化铁溶液,称取 0.25g 三氯化铁($FeCl_3 \cdot 6H_2O$)溶于水中,稀释到 1 000ml。
(3) 硫酸镁溶液,称取 22.5g 硫酸镁($MgSO_4 \cdot 7H_2O$)溶于水中,稀释到 1 000ml。
(4) 磷酸盐缓冲液,称取 8.5g 磷酸二氢钾(KH_2PO_4)、21.75g 磷酸氢二钾(K_2HPO_4)、33.4g 磷酸氢二钠($NaH_2PO_4 \cdot 7H_2O$)和 1.7g 氯化铵(NH_4Cl)溶于 500ml 水中,稀释到 1 000ml。此溶液的 pH 值应为 7.2。
(5) 稀释水,在 20L 大玻璃瓶内装入一定量的蒸馏水。其中每 1L 蒸馏水加入上述 4 种试剂各 1ml,用水泵均匀连续通入经活性炭过滤的空气 1~2d,使水中溶解氧接近饱和,然后用清洁的棉塞塞好,静置稳定 1d。稀释水本身的 5d 生化需氧量必须小于 0.2mg/L 方可全用。

五、实验步骤

(1) 水样的稀释。首先要根据水样中有机物含量来选择适当的稀释比。如果对水样性质不了解,需要做 3 个以上稀释比。对清洁地面水可不必稀释,直接培养测定。受污染的河水的稀释倍数为 1~4 倍,普通和沉淀过的污水为 20~30 倍,严重污染的水样为 100~1 000 倍。也可通过 COD 值求得参考稀释倍数,将酸性高锰酸钾法测得的 COD 值除以 4,或重铬酸钾法测得的COD除以5,其商即为应稀释的倍数(稀释倍数指稀释后体积与原水样体积之比)。

按照选定污水和稀释水比例,用虹吸法先把一定量污水引入1 000ml量筒中,再引入所需要量的稀释水,用特制的搅拌器(一根粗玻璃棒底端套上一个比量筒口径略小的约2mm厚的橡皮圆片)在水面以下缓缓搅匀(不应产生气泡)。然后用虹吸管将此溶液引入两个同一编号的溶解氧瓶中,到充满后溢出少许,盖严,加上封口水。注意瓶内不应有气泡,如有气泡需轻轻敲击瓶体,使气泡逸出。

用同样方法配制另外两个稀释比的水样。

(2)另取两个同一编号的溶解氧瓶加入稀释水,作为空白。

(3)每个稀释比各取一瓶测定当时的溶解氧,另一瓶放入培养箱中5d,在培养过程中需要每天添加封口水。

(4)从开始放入培养箱算起,经过5昼夜后,取出水样测定剩余的溶解氧。

六、数据及计算

(1)不经过稀释而直接培养的水样。

$$BOD_5(mg/L) = C_1 - C_2$$

式中:C_1为培养液在培养前的溶解氧浓度(mg/L);C_2为培养液在培养五天后的溶解氧(mg/L)。

稀释后培养的水样:根据上述3个稀释比,分别按下式计算出水样的耗氧率(BOD_5)。

$$BOD_5(mg/L) = \frac{(C_1 - C_2) - (B_1 - B_2)f_1}{f_2}$$

式中:B_1为稀释水在培养前的溶解氧浓度(mg/L);B_2为稀释水在培养后的溶解氧(mg/L);f_1为稀释水在培养液中所占比例(%);f_2为水样在培养液中所占比例(%)。

f_1、f_2的计算:例如培养液的稀释比为3%,即3份水样97份稀释水,则$f_1=97\%=0.97$,$f_2=3\%=0.03$。

如果有2个和3个稀释比培养水样的耗氧率均在40%～70%范围内,则取其测定计算结果的平均值为BOD_5数值。如果3个稀释比培养的水样耗氧率(BOD_5)均在40%～70%范围以外,则应调整稀释比后重做。

七、注意事项

(1)稀释水应在20℃左右,冬季低于20℃时应预热,夏季高于20℃时应冷却。

(2)水样中若有游离的碱和碘,应预先中和再进行稀释培养。可用麝香草酚蓝作为指示剂,用1mol/L盐酸和$C(1/2Na_2CO_3)$为1mol/L的碳酸钠中和。

(3)滴定前需将溶液体积稀释至350ml左右,以控制溶液的酸度,酸度太大则终点不明显。

(4)若水样中含易挥发性有机物,在加消化液时,应在水浴中进行,或者从冷凝器顶端慢慢加入,以防易挥发性有机物损失,使结果偏低。

(5)水样中若有亚硝酸盐氮对测定会有影响,1mg亚硝酸盐氮相当于1.14mg化学需氧量,可按1mg硝酸盐氮加入10mg氨基磺酸来消除。蒸馏水空白中也加入等量的氨基磺酸。

八、思考题

1. 本实验误差的主要来源是什么？如何使实验结果较准确？
2. BOD_5 在环境评价中有何作用？有何局限性？

实验十 水中氨氮的测定

一、目的

掌握纳氏试剂光度法测定水样中低浓度氨氮的原理和操作。

二、原理

水样中的氨氮在碱性条件下与纳氏试剂作用生成黄棕色络合物,在425nm波长处进行光度测定。

水样的色度,浊度和其他干扰物的存在会影响氨氮的测定,必须做适当的处理。对比较清洁的水样,可采用絮凝沉淀法,对污染严重的水样,则应采用蒸馏法以消除干扰。

氨氮与纳氏试剂的反应式如下:

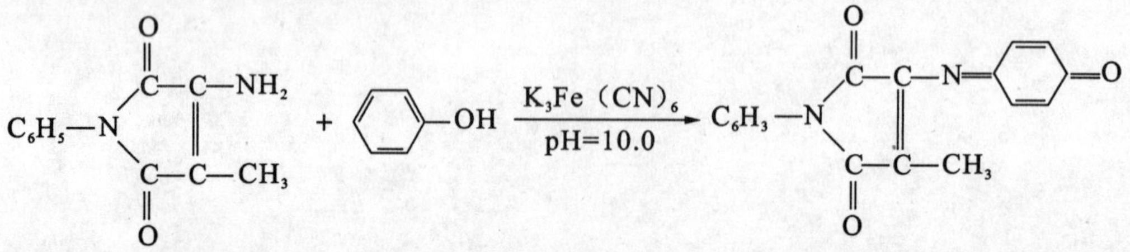

氮是蛋白质、核酸、酶、维生素等有机物中的重要组分。纯洁天然水体的含氮物质的主要来源是生活污水和某些工业废水。当含氮有机物进入水体后,由于微生物和氧的作用,可以逐步分解或氧化为无机氨(NH_3)、铵(NH_4^+)、亚硝酸盐(NO_2^-)和最终产物(NO_3^-):

$$含氮有机物 \xrightarrow{微生物} 蛋白质、氨基酸、氨等$$

$$NH_3(NH_4^+) \xrightarrow{亚硝酸菌} NO_2^- \xrightarrow{硝酸菌} NO_3^-$$

三、仪器

(1) 氨氮蒸馏装置(图2-2)。
(2) 分光光度计。
(3) 50ml 容量瓶。

四、试剂

实验用水均为无氨水。

(1) 无氨水的制备。每升蒸馏水中加0.1ml浓硫酸,在全玻璃蒸馏器中重蒸馏,弃去50ml初馏液,接取其馏出液于具塞磨口的玻璃瓶中,密塞保存。
(2) 盐酸溶液,$C(HCl) = 1mol/L$。
(3) 氢氧化钠溶液,$C(NaOH) = 1mol/L$。
(4) 轻质氧化镁(MgO):将氧化镁加热至500℃,以除去碳酸盐。
(5) 0.05%(m/V)溴百里酚蓝指示液(pH为6~7.6)。

(6)防沫剂(如液状石蜡油)。

(7)硼酸吸收液。称取20g硼酸(H_3BO_3)溶于无氨水中,稀释至1 000ml。

(8)纳氏试剂:称取碘化钾5g,溶于5ml无氨水中,分次少量加入二氯化汞($HgCl_2$)溶液(2.5g二氯化汞溶解于10ml热的无氨水中),不断搅拌至有少量沉淀为止。

另取15g氢氧化钾溶于水,稀释至30ml,冷却至室温后,将上述溶液徐徐加入氢氧化钾溶液中,同时不断搅拌。用水稀释至100ml,再加入0.5ml二氯化汞溶液,静置过夜,将上清液移入聚乙烯棕色瓶内,密塞低温处保存,有效期为1个月。

(9)酒石酸钾钠溶液:称取50g酒石酸钾钠($KNaC_4H_4O_8 \cdot 4H_2O$)溶于无氨水中。加热煮沸以驱除氨,放冷,稀释至100ml。

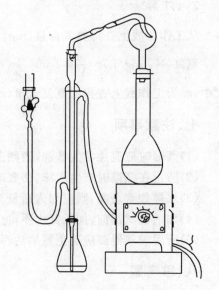

图2-2 氨氮蒸馏装置

(10)铵标准储备溶液:称取3.819g在100℃干燥过的无水氯化铵,溶于无氨水中,转入1 000ml容量瓶中,稀释至标线。此溶液含氨氮1.00mg/ml。

(11)铵标准使用溶液:取5.00ml铵储备液于500ml容量瓶中,用无氨蒸馏水稀释至标线。此溶液含氨氮0.010mg/ml。

五、实验步骤

1. 蒸馏预处理

(1)取50ml硼酸溶液于250ml容量瓶中作为吸收液。

(2)分取250ml接近中性水样(如果氨氮含量较高,可分取适量并加无氨水至250ml,使其含量不超过2.5mg)移入凯氏烧瓶,加数滴溴百里酚蓝指示液,用氢氧化钠或盐酸溶液调至pH=7左右。加入0.25g轻质氧化镁和数粒玻璃珠,立即连接氨氮球和冷凝管,导管下端插入吸收液面下,加热蒸馏,至馏出液达200ml左右时,停止蒸馏,定容至250ml。

(3)空白液的蒸馏:以无氨水代替水样,其他步骤和水样预蒸馏步骤相同。

2. 工作曲线的绘制

吸取0ml、0.50ml、1.00ml、3.00ml、5.00ml、7.00ml和10.0ml铵标准使用液于50ml容量瓶中,加1.0ml酒石酸钾钠溶液,加无氨水至约40ml左右,摇匀,加1.5ml纳氏试剂,用无氨蒸馏水稀释至标线,摇匀,放置10min后,在420nm处,光程为20mm的比色皿,以空白为参比,测量吸光度。

绘制以氨氮含量对吸光度的工作曲线。

3. 水样的测定

分取适量经蒸馏预处理后的馏出液,加入50ml容量瓶中,加1.0ml酒石酸钾钠溶液,加无氨水40ml左右,摇匀。加1.5ml纳氏试剂,用无氨水稀释至标线,摇匀。放置10min,同工作曲线步骤测量吸光度。按上述步骤测定空白馏出液,并加以扣除。

六、计算

从工作曲线上查得氨氮含量(mg)。

$$氨氮(N, mg/L) = \frac{m}{V} \times 1\,000$$

式中:m 为工作线上查得的氨氮含量(mg);V 为水样体积(ml)。

七、注意事项

(1)蒸馏时应避免发生暴沸,否则造成馏出液温度升高氨吸收不完全。
(2)防止在蒸馏时产生泡沫,必要时可加几滴液状石蜡油于凯氏烧瓶中。
(3)水样如含余氯,则应加入适量 0.35% 硫代硫酸钠溶液,每 0.5ml 可除去 0.25mg 余氯。
(4)加纳氏试剂前,加无氨水不得少于 40ml,否则会有浊度或沉淀产生。
(5)所用玻璃器皿应避免氨的沾污。

八、思考题

1. 如何通过 3 种形态氮的测定来研究水体的自净作用?
2. 在 3 种形态氮的测定中,要求水中不含 NH_3、NO_2^-、NO_3^-,如何快速检查?
3. 测定水样氨氮时,为什么要先对 200ml 无氨蒸馏?

实验十一　水中亚硝酸盐氮、硝酸盐氮的测定

一、目的

掌握α-萘胺光度法测定亚硝酸盐氮的原理和操作技术。

掌握紫外分光光度法测定水中硝酸盐氮的操作技术和原理。

二、原理

1. 亚硝酸盐氮的测定——盐酸α-萘胺比色法

在pH值为2.0～2.5时，水中亚硝酸盐与对氨基苯磺酸生成重氮盐，当与盐酸α-萘胺发生偶联后生成红色偶氮染料，其色度与亚硝酸盐含量成正比。

2. 硝酸盐氮的测定——紫外分光光度法

硝酸根离子在紫外区有强烈吸收，在220nm波长处的吸光度可定量测定硝酸盐氮。本法适用于测定自来水、井水、地下水和洁净地面水中的硝酸盐氮，其测量范围为0.04～0.08mg/L。

三、亚硝酸盐的测定

(一)方法提要

在酸性溶液中，亚硝酸盐能与对氨基苯磺酸胺起重氮化作用，再与盐酸α-萘胺起偶氮反应，生成紫红色染料，于波长540nm处测量吸光度。

(二)仪器

分光光度计。

(三)试剂

(1)对氨基苯磺酸溶液。称取对氨基苯磺酸0.8g溶于12%乙酸溶液150ml中（低温加热并搅拌可加速溶解），冷却后贮于棕色瓶中。

(2)α-萘胺溶液。称取α-萘胺0.2g溶于数滴冰乙酸中，再加12%乙酸溶液150ml，混匀，贮于棕色瓶中。

(3)对氨基苯磺酸-α-萘胺酸混合溶液。测定前，将上述两种溶液1和2等体积混合摇匀，此溶液应为无色。

(4)氢氧化铝悬浮溶液。称取硫酸铝120g溶于1 000ml蒸馏水中，慢慢加入浓氨水，使铝离子沉淀完全，放置澄清后倾去上层清夜，加蒸馏水反复洗涤至无硫酸根和氯离子为止（用氯化钡溶液和硝酸银溶液检查），再向氢氧化铝胶体沉淀中加入300ml蒸馏水，使用时摇匀。

(5)亚硝酸银标准储备溶液。称取在干燥器内放置24h的亚硝酸钠0.299 9g，溶于纯水中并定容至1 000ml，加2ml氯仿作为保护剂，此溶液1ml含0.2mg亚硝酸根。

(6)亚硝酸根标准溶液。吸取亚硝酸根标准储备溶液(5)10.00ml，用纯水定容至1 000ml，此溶液1ml含2μg亚硝酸根。再取此溶液10.0ml用纯水定容至100ml。此溶液1ml含0.2μg亚硝酸根。

(四)实验步骤

1.样品分析

(1)吸取水样50ml于50ml比色管中,加对氨基苯磺酸α-萘胺混合溶液2ml,混匀,放置10min。

(2)在分光光度计上,波长520nm处,用1cm比色杯,以空白溶液作参比,测量吸光度。

2.标准曲线的绘制

(1)准确移取亚硝酸根标准0.0μg,0.2μg,0.5μg,1.0μg,2.0μg,3.0μg,5.0μg于一组50ml比色管中,用蒸馏水稀释至50ml,同1步骤进行测定。

(2)以亚硝酸根浓度为横坐标,吸光度为纵坐标,绘制曲线。

(五)计算亚硝酸根含量

$$NO_2^- (mg/L) = \frac{A}{V}$$

式中:A 为从标准曲线查得试样中的亚硝酸根量(μg);V 为所取水样体积(ml)。

四、硝态氮($NO_3^- - N$)的测定

本标准适用于清洁的地下水中硝酸根含量的测定。本法最低检测量为2.3μg,若取50ml水样测定,则最低检测浓度为0.046mg/L。

(一)方法提要

在紫外光谱区,硝酸根有强烈的吸收,其吸收值与硝酸根的浓度成正比。在波长210~220nm处可测定其吸光度。

水中溶解的有机物,在波长220nm、275nm下均有吸收,而硝酸根在275nm时没有吸收。这样,需在275nm处做一次测定,以校正硝酸根的吸光度。

(二)仪器

紫外分光光度计、石英比色杯。

(三)试剂

(1)盐酸溶液(1mol/L)。量取浓盐酸83ml,用蒸馏水稀释至1 000ml。

(2)氨基磺酸铵溶液(5%)。氨基磺酸铵($NH_4SO_3NH_2$)5g溶解于100ml蒸馏水中。

(3)硝酸根标准储备溶液。准确称取在105~110℃烘干1h的硝酸钾0.163 1g,溶于蒸馏水中,并定容至1 000ml,此溶液1ml含100μg硝酸银。

(4)硝酸根标准溶液。分取硝酸根标准储备溶液10ml于100ml容量瓶中,用蒸馏水稀释至刻度。此溶液1ml含10μg硝酸根。

(四)实验步骤

1.样品分析

(1)分取水样50ml于100ml容量瓶中,加入盐酸溶液1ml,摇匀。

(2)加入3~5ml氨基磺酸铵溶液,用蒸馏水稀释至刻度,摇匀。

(3)于分光光度计上,波长210nm处,用1cm石英比色杯以试剂空白作参比,测量吸光度。

(4)调整波长至275nm处,仍以试剂空白作参比,再一次测量吸光度。

2.标准曲线的绘制

准确分取硝酸根标准0μg,10μg,20μg,50μg,100μg,…,1 000μg于一系列100ml容量瓶

中,用蒸馏水稀释至 50ml 左右,以下步骤按 1(样品分析)进行。以硝酸根浓度对吸光度,绘制标准曲线。

(五)计算

硝酸根含量按下式计算:

$$A_{NO_3^-} = A_{210} - 2A_{276}$$

$$NO_3^- (mg/L) = A_{NO_3^-}/V$$

式中:$A_{NO_3^-}$ 为减去有机物的吸收值后,从标准曲线($\lambda=210nm$)上查得的硝酸根量;V 为所取水样体积(ml)。

五、精密度与准确度

同一实验室对含有 3.34mg/L 的硝酸银、矿化度为 2.4g/L 并含有极微量有机物($A_{275}=0.009$)的地下水样,批内 16 次测定统计,相对标准偏差为 3.61%。用矿化度为 1.2g/L、不含硝酸根及有机物的地下水样作基体,分别加入 50μg、100μg 的硝酸根,回收率分别为 98.05% 和 100.0%;加入 1 000μg 时,回收率为 100.52%。

六、讨论

在含有极微量有机物的水样中,加入氨基磺酸铵(5%)0.5ml 时,回收及精密度均很差。当提高其用量到 3~10ml 时,不仅回收及精密度均得到很大的改善,而且其吸收值也完全一致。这说明氨基磺酸铵的用量在 3~10ml 时,不影响测定。所以,本法加入氨基磺酸铵的量为 3~5ml。

七、注意事项

(1)在氨氮测定时,水样中若含钙、镁、铁等金属离子会干扰测定,可加入配位剂或预蒸馏消除干扰。纳氏试剂显色后的溶液颜色会随时间而变化,所以必须在较短时间内完成比色操作。

(2)亚硝酸盐是含氮化合物分解过程中的中间产物,很不稳定,采样后的水样应尽快分析。

(3)可溶性有机物,NO_2^-、Cr^{6+} 和表面活性剂均会干扰 $NO_3^- - N$ 的测定。可溶性有机物用校正法消除;NO_2^- 干扰可用氨基磺酸法消除;Cr^{6+} 和表面活性剂可制备各自的校正曲线进行校正。

八、思考题

1. 水中硝酸盐氮的测定方法颇多,在环境检测中推荐的方法有哪些?
2. 简述紫外光度法测定 $NO_3^- - N$ 的原理。

实验十二 水中氟离子的测定

一、目的

掌握离子选择电极法测定氟离子的原理及操作。

二、原理

在待测溶液的总离子强度恒定的条件下,氟离子选择电极的电板电位与氟离子浓度之间符合下述关系式:

$$F = 常数 - \frac{2.303RT}{F}\log[F^-]$$

或

$$F = 常数 + 0.059 P_F (25℃)$$

以氟离子选择电极为指示电极,饱和甘汞电极为外参比电极,用精密酸度计(或毫伏计、离子计)测定两极间的电动势,然后以工作曲线法或标准加入法求出氟离子的浓度、工作电池可表示如下:

Ag | $AgCl_2$,Cl^-(0.3mol/L),F^-(0.001mol/L) | LaF_3 || 试液 || 外参比电极

该法所测定的是游离的氟离子浓度。通常,加入总离子强度调节剂以保持溶液的总离子强度,并络合干扰离子,保持溶液的pH值为5~6,就可以直接进行测定。

水样有颜色、浑浊不影响测定。温度对电极电位和电离平衡有影响,须使试液和标准溶液的温度相同,并注意调节仪器的温度补偿装置使之与溶液的温度一致。

本法的最低检出氟离子浓度为0.05mg/L,测定氟离子浓度上限可达1 900mg/L。

三、仪器

(1)氟离子选择电极。
(2)饱和甘汞电极。
(3)毫伏计或pH计,精确到0.1mV。
(4)磁力搅拌器,外壳为聚乙烯的搅拌子。
(5)100ml、150ml聚乙烯杯。

四、试剂

(1)氟化物标准储备溶液:称取0.221 0g于150℃烘烤2h并冷却后的氟化钠(NaF),溶于蒸馏水中,并用蒸馏水定容至1 000ml,贮存于聚乙烯瓶中备用。此溶液1.00ml含有0.1mg氟化物(F^-)。

(2)氟化物标准溶液:用胖肚吸管吸取氟化钠标准储备液10.00ml,注入100ml容量瓶中,稀释至标线,摇匀。此溶液每毫升含氟(F^-)10.0μg。

(3)总离子强度调节缓冲溶液:称取柠檬酸钠147.06g和硝酸钾20.56g用去离子水溶解,并稀释至1 000ml。再用硝酸溶液(1:1)调节pH值为5.5左右。此溶液为0.5mol/L柠檬

酸钠-0.2mol/L 硝酸钾混合液。

五、分析步骤

(1)取水样 50ml(如氟含量高,可少取水样,10ml、20ml、25ml 均可,并稀释至 50ml 聚乙烯塑料杯中,加入离子强度缓冲液 5ml 放入搅拌子,将烧杯放在电磁搅拌器上。

标准曲线绘制:准确移取氟离子标准(稀释)液 0.005ml、0.025ml、0.05ml、0.25ml、0.5ml 于一系列 50ml 容量瓶中,再各加入与水样相同的离子强度缓冲液,用去离子水定容混匀。按分析水样步骤中相同的条件测定此标准系列的电位。以电位(mV)为纵坐标,氟化物的活度($P_F=\log[F^-]$)为横坐标,在半对数纸上绘制校准曲线。

(2)计算。氟化物(F^-,mg/L)可直接在校准曲线上查得

$$C=\frac{m}{V}$$

式中:C 为水样中氟化物(F^-)的浓度(mg/L);m 为从校准曲线上查得的样品(水样)中氟含量(μg);V 为水样体积(ml)。

六、注意事项

(1)氟电极使用寿命除取决于制作材料和结构外,通常与使用和保管的好坏有密切关系。测定高浓度溶液会缩短其寿命,电极需保持膜的完整无缺,避免与硬物接触,用后清洗干净置于盒中。

(2)测定时溶液的 pH 值以 5~6 为宜。

(3)测总氟时浸提液应保持碱性,如果试验中酚酞褪色可补加 NaOH。

(4)土壤试样用量可使其含量适当增减。

七、思考题

1. 加入离子强度缓冲液起什么作用?
2. 测定土壤中各种形态的氟有什么意义?它们对环境影响有什么不同?

实验十三 水中酚的测定

一、目的

(1) 熟悉预蒸馏法消除水样中干扰物的操作方法。
(2) 掌握 4-氨基安替比林-氯仿萃取比色法测定挥发酚的原理、方法。

二、原理

天然水是不含酚类化合物的,它主要来自于炼油、炼焦、煤气洗涤和某些化工厂排放的废水和废物中。酚可分为挥发酚与不挥发酚,用预蒸馏法可消除大部分干扰,测得酚为挥发酚。通常用苯酚作为标准,表示样品中酚类化合物含量的代表值。

4-氨基安替比林-氯仿萃取比色法。4-氨基安替比林与酚类在碱性溶液中($pH=10.0\pm0.2$),用铁氰化钾作为氧化剂,可生成红色的安替比林染料,用有机溶剂($CHCl_3$)萃取,可提高灵敏度,萃取后颜色可稳定 4h。

$$C_6H_5-N\underset{\underset{O}{|}}{\overset{\overset{O}{|}}{\diagup}}\overset{C-NH_2}{\underset{C-CH_3}{|}} + \text{ⅭⅬ}-OH \xrightarrow[pH=10.0]{K_3Fe(CN)_6} C_6H_5-N\underset{\underset{O}{|}}{\overset{\overset{O}{|}}{\diagup}}\overset{C=N-\text{ⅭⅬ}=O}{\underset{C-CH_3}{|}}$$

三、试剂

本法所用蒸馏水均不得含酚及游离氯。
(1) 10% 磷酸溶液。
(2) 10% 硫酸铜溶液。
(3) 缓冲溶液。20g 化学纯氯化铵溶于 100ml 浓氨水中,保存于冰箱中。
(4) 2% 4-氨基安替比林溶液,此液能保存 1 周。
(5) 8% 高铁氰化钾,置于冰箱可保存 1 周,颜色转深时即应重新配制。
(6) 氯仿。
(7) 溴酸钾-溴化钾溶液。称 2.840g 干燥的溴酸钾($KBrO_3$),溶于水中,加入 10g 溴化钾,稀释至 1L。
(8) 0.025 0mol/L 硫代硫酸钠标准溶液。
(9) 酚标准储备溶液。溶解 1.0g 精制酚于 1L 水中,按下述方法标定,然后保存于冰箱内。

吸取 10.0ml 酚储备液,置于 250ml 碘量瓶中,加入 50ml 水,随即加入 5ml 浓盐酸,将瓶塞盖紧,缓缓旋转,加入 10.0ml 溴酸钾-溴化钾溶液,静置 10min,然后加入 1g 碘化钾。另外用 10ml 蒸馏水按照上述方法配制一空白溶液。以 0.5% 淀粉溶液作为指示剂,用 0.025mol/L

硫代硫酸钠滴定空白溶液和酚储备溶液。计算式如下。

$$\rho(酚) = \frac{(A-B)CM}{V}(\mu g/ml)$$

式中：A、B 为分别为滴定空白溶液和酚储备溶液消耗 0.025 0mol/L 硫代硫酸钠溶液的毫升数；C 为硫代硫酸钠溶液物质的量浓度；V 为取甲酚储备液的毫升数；M 为酚的摩尔质量。

(10)酚标准使用溶液。临用时将酚标准储备液用水稀释成 1.00ml 含酚 10.0μg 的溶液。取此溶液 50ml，用水稀释至 250ml，则 1.00ml 溶液中含酚 2.00μg。

四、步骤

(1)取 150ml 水样于 250ml 蒸馏器中，加入 2ml 10%硫酸铜溶液，加甲基橙指示剂 3 滴用 10%磷酸溶液调节到红色(pH 值在 4 以下)，加沸石立即接上冷凝装置，进行蒸馏。蒸馏液收集于 100ml 容量瓶中，蒸馏液收集到近 100ml 时停止蒸馏。若水样清洁(如井水、自来水等)可以不必蒸馏，直接取 150ml 水样测定。

(2)将蒸馏液倒入 250ml 分液漏斗中，另外取 250ml 分液漏斗 6 个，先加少量水，然后分别加入酚标准使用液 0、1.0ml、2.0ml、3.0ml、4.0ml、5.0ml，加水至 150ml。

(3)于样品及标准中分别加入 1.0ml 缓冲溶液、1.0ml 4-氨基安替比林溶液、1.0ml 8%铁氰化钾溶液，摇匀。10min 后加入 10ml 氯仿，混匀，振荡 2min，静置，分层后擦干分液漏斗颈管内壁，于颈管内塞一小团脱脂棉花，将氯仿层直接过滤于 1cm 比色皿中，在 460nm 波长用氯仿或水作为参比测定吸光度，扣除试剂吸光度后，绘制标准曲线。

(4)当酚含量超过 0.5～5mg/L 时，蒸馏液可直接比色测定。即取 50ml 蒸馏液于 50ml 比色管中，加入 0.5ml 缓冲溶液、1.0ml 4-氨基安替比林溶液、1.0ml 8%铁氰化钾溶液，摇匀，10min 后在 510nm 处，用 1cm 比色皿，试剂空白作参比测定吸光度。

五、计算

$$\rho(酚) = \frac{测得的酚含量(\mu g)}{水样体积(ml)}$$

六、注意事项

(1)水样中酚类化合物不稳定，取样后应在 4h 内进行测定，否则要于每升水样中加 5ml 的 40%氢氧化钠溶液或 2g 固体氢氧化钠以防分解。

(2)如水样中有氧化物(可用加入碘化钾及酸，看其是否有游离碘来检验)，可加入过量的硫酸亚铁除去。如有硫代物可用硫酸把水样调至 pH=4.0，搅拌曝气，再加入 1g 硫酸铜(1L 水样)。

(3)本法不能测定某些对位酚。

七、思考题

1. 水中氧化性物质、还原性物质、金属离子、芳香胺、油及沥青对本分析方法有干扰，如何处理？试分别叙述。

2. 本方法测定酚的 pH 值控制在 10.0±0.2。当 pH 值偏高或偏低会对测定产生什么影响？

实验十四　水中铬的测定

一、目的

(1)了解测定铬的意义。

(2)掌握光度法测定铬的基本原理和方法。

铬存在于电镀、冶炼、制革、纺织、制药等工业废水污染的水体中。富铬地区地表水径流中也含铬，自然中的铬常以元素或三价状态存在，水中的铬有三价、六价两种价态。

三价铬和六价铬对人体健康都有害。一般认为，六价铬的毒性强，更易为人体吸收而且可在体内蓄积，饮用含六价铬的水可引起内部组织的损坏；铬累积于鱼体内，也可使水生生物致死，抑制水体的自净作用；用含铬的水灌溉农作物，铬可富积于果实中。

铬的测定可采用比色法、原子吸收分光光度法和容量法。当使用二苯碳酰二肼比色法测定铬时，可直接比色测定六价铬，如果先将三价铬氧化成六价铬后再测定就可以测得水中的总铬。水样中铬含量较高时，可使用硫酸亚铁铵容量法测定其含量。受轻度污染的地面水中的六价铬，可直接用比色法测定，污水和含有机物的水样可使用氧化-比色法测定总铬含量。

二、六价铬的测定

1. 原理

在酸性溶液中六价铬与二苯碳酰二肼反应生成紫红色产物，可用目视比色或分光光度法测定。

本方法的最低检出铬质量浓度为 0.004mg/L，测定质量浓度上限为 0.2mg/L。

2. 仪器

所用的玻璃仪器(包括采样瓶)，应不用重铬酸钾洗液洗涤，如必须用重铬酸钾洗液洗涤时，应再用硫酸—硝酸混合洗液洗涤，用水冲洗后，再用蒸馏水冲洗干净。玻璃器皿内壁要求光洁，防止铬离子被吸附(以下各节均同)。

(1)分光光度计。

(2)50ml 比色管。

3. 试剂

(1)苯碳酰二肼溶液。溶解 0.20g 二苯碳酰二肼于 100ml 95%的乙醇中，一面搅拌，一面加入 400ml(1∶9)硫酸，存放于冰箱中，可用 1 个月。

(2)硫酸(1∶9)。

(3)铬标准储备液。溶解 141.4mg 预先在 105~110℃烘干的重铬酸钾于水中，转入 1 000ml 容量瓶中，加水稀释至标线，此液每毫升含 50.0μg 六价铬。

(4)铬标准溶液。吸取 20.00ml 储备液至 1 000ml 容量瓶中，加水稀释至标线。此液每毫升含 1.00μg 六价铬，临时配制。

4. 步骤

(1)吸取 50.00ml 水样，移入少许水样，需用水稀释至 50.00ml，置于 50ml 比色管中，如果水样浑浊可过滤后测定。

(2)依次取铬标准溶液 0ml、0.20ml、0.50ml、1.00ml、2.00ml、4.00ml、6.00ml、8.00ml 及 10.00ml，至 50ml 比色管中，加入水至标线。

(3)向水样管及标准管中各加 2.5ml 二苯碳酰二肼溶液，混匀，放置 10min，目视比色。如用分光光度计，则于 540nm 波长、3cm 比色皿以试剂空白为参比，测定吸光度。

$$\rho(Cr^{6+}) = 测得铬量(\mu g) / 水样体符号(ml)$$

5. 注意事项

(1)六价铬与二苯碳酰二肼反应时，硫酸浓度一般控制在 0.05~0.3mol/L，以 0.2mol/L 时显色最好。显色前，水样应调至中性。

(2)温度和放置时间对显色有影响，温度 15℃、放置 5~15min 时颜色即稳定。

(3)水样有色和浑浊时，可采用活性炭吸附法或沉淀分离法进行前期处理。

水样中含有在碱性条件下易被活性炭吸附的色度，采用活性炭柱法。活性炭柱内径 6mm，高 10cm。内装用 5% 硫酸浸泡 4h 并洗至中性的粒状活性炭（分析纯），填柱高 8~10cm。用 0.01mol/L 氢氧化钠溶液洗活性炭柱，至流出液 pH 值为 8 为止。取一定量调节成中性的水样，加入 1ml 的 1mol/L 氢氧化钠溶液，用水稀释并定容至 100ml。此溶液 pH 值应为 8 左右，以 4ml/min 的流速过活性炭柱。弃去初流出液 10~20ml，取其中 50.00ml 流出液，显色测定。

水样有色、浑浊且三价铁含量低于 200mg/L 时，采用沉淀分离法。

氢氧化锌沉淀——聚凝剂的配制：称取 8.05g 硫酸锌，溶于 100ml 水中 120ml 的 0.5mol/L 氢氧化钠溶液，混匀后备用。

取 50.00ml pH 值为 8 的水样于 100ml 烧杯中。在不断搅拌下，滴加氢氧化锌——聚凝剂至溶液 pH 值为 9（加入 2~2.5ml）。将沉淀和溶液移入容量瓶，并定容至 100ml。

用中速定量滤纸过滤于 50ml 比色管中，弃去初滤液 10~20ml 滤液，用 6mol/L 硫酸中和后显色测定。

三、酸性高锰酸钾氧化法测定总铬含量

1. 原理

水样中的三价铬用高锰酸钾氧化成为六价，过量的高锰酸钾用亚硝酸钠分解，过剩的亚硝酸钠为尿素所分解，得到的清液用二苯碳酰二肼显色，测定总铬含量。

2. 仪器

(1)分光光度计。

(2)150ml 锥形瓶。

(3)50ml 比色管。

3. 试剂

(1)硫酸(1:1)。

(2)磷酸(1:1)。

(3)4% 高锰酸钾溶液。

(4)20% 尿素溶液。

(5)2% 亚硝酸钠溶液。

其余试剂同六价铬的测定。

4. 步骤

(1) 取 50.00ml 摇匀的水样置于 150ml 锥形瓶中,加几粒玻璃珠,调节 pH 值为 7。

(2) 取铬标准溶液 0ml、0.20ml、0.50ml、1.00ml、2.00ml、4.00ml、6.00ml、8.00ml 及 10.00ml,置于锥形瓶中,加水至体积为 50ml,各加几粒玻璃珠。

(3) 向水样和标准系列中加 0.5ml(1∶1 硫酸)、0.5ml(1∶1)磷酸,加 2 滴 4% 高锰酸钾溶液。如紫红色褪去,则应添加高锰酸钾溶液至保持红色,加热煮沸,直到溶液体积约剩 20ml 为止。

(4) 冷却后,向各瓶中加 1ml 的 20% 尿素溶液,然后用滴管滴加 2% 亚硝酸钠溶液,每加 1 滴充分摇动,直至紫色刚好褪去为止。

(5) 稍停片刻,待瓶中不再冒气泡后,将溶液转移到 50ml 比色管中,用水稀释至标线。

(6) 加入 2.5ml 二苯碳酰二肼溶液,充分摇匀,放置 10min。

(7) 用 3cm 比色皿,在 540nm 波长处,以试剂空白为参比,测量吸光度,绘制标准曲线,并从铬标准曲线上查得水样含铬的微克数。

5. 计算

$$\rho(总铬) = 测得铬量(\mu g)/水样体积(ml)\quad (Cr, mg/L)$$

6. 注意事项

(1) 还原过量的高锰酸钾溶液时,应先加尿素溶液,后加亚硝酸钠溶液。

(2) 在步骤(5)中若将溶液调至中性后再转移,本法的精密度可得到改善。

(3) 亦可改用叠氮化钠溶液来分解过量的高锰酸钾,得到的澄清液用二苯碳酰二肼显色,比色测定总铬。改用叠氮化钠时步骤(3)、(4)、(5)和(6)变为:向水样和标准系列中加 1ml(1∶1)硫酸,加 3~4 滴 4% 高锰酸钾溶液(至紫红色不消失为止),加热煮沸 2min。逐滴加入 0.5% 叠氮化钠溶液,继续煮沸。如果煮沸 30s 后还不完全褪色,可再滴加适量叠氮化钠溶液。待颜色完全褪去后再继续煮沸 1min,冷却后加入 0.25ml 磷酸。将溶液转移到 50ml 比色管中,稀释至标线,比色测定。

四、思考题

1. 水样呈色影响测定,试述设计前处理方案。
2. 当大量铁离子存在时会干扰测定,如何消除?
3. 二苯碳酰二肼试剂为什么要新鲜配制或贮于冰箱中?

实验十五 金属污染物的测定

一、目的

(1) 了解测定金属污染物的意义。
(2) 掌握原子吸收、原子荧光的基本原理和方法。

二、汞

汞被广泛应用于氯碱、电器仪表、油漆、医药等工业,其废液、废渣等都是水和土壤汞污染的来源。矿物燃料的燃烧也是水体和土壤中汞的重要来源。

汞及其化合物属于剧毒物质,特别是有机汞化合物。天然水中含汞极少,一般不超过 $0.1\mu g/L$,中国饮用水标准限值为 $0.001mg/L$。

(一) 样品保存与处理

水样保存以用硼硅玻璃瓶或高密度聚乙烯塑料瓶为佳,采样时尽量装满容器以减少器壁吸附。采样后按每升水加 10ml 浓硫酸,确保溶液 pH<1,否则补加,然后加 0.5g 重铬酸钾,若橙色消失应补加,密塞置阴凉处可放置 1 个月。

样品制备时要注意解决好样品完全无机化和防止汞挥发的问题。样品的处理方法分为干法消化和湿法消化。

(1) 干法消化。干法消化的主要特点是一次能处理较大量的样品,试剂空白低,但挥发和滞留损失的危险较大。

(2) 湿法消化。湿法消化主要是用各种不同的氧化剂氧化样品中的有机物以及结合态汞。对土壤、沉积物和水样主要有以下方法。

硝酸-硫酸-五氧化二钒法:这种方法氧化力强,对低烷基汞的消化特别有效。

硫酸-高锰酸钾氧化法:样品加消化液后煮沸 10min 即可,对清洁水和有机物轻度污染的废水比较适用。

高锰酸钾-过硫酸铵消化法:对一般废水在加入消化液后加热至 100℃,然后保持近沸 30min,对有机物、悬浮物较多及组成复杂的水样可用煮沸法,即对加消化液的样品保持 100℃和 10min。

溴酸钾-溴化钾消化法:两种混合试剂在 $0.6\sim 2mol/L$ 盐酸或 $0.5mol/L$ 硫酸介质中产生溴,加塞摇匀,于室温 20℃以上保持 5min,可将水中汞氧化为 Hg^{2+}。5min 后样品应保持橙黄色,否则应补充。消化完毕用盐酸羟胺除去过剩的氧化剂,摇匀后放置以除去产生的氯气。混合试剂还可用作保护剂,水样可保存半年以上。该方法适用于地面水、饮用水、含有机物,特别是洗涤剂少的生活污水和工业废水,汞回收率在 95% 以上。对含有机物和悬浮物多、组成复杂的水样需在电炉上加热消化。

紫外光照射消化法:利用紫外线来分解有机汞,一般将水样盛于一无色、透明、较薄的容器内,用紫外线照射 $20\sim 30min$。该法可消除氯化物的干扰。光源有汞灯(适用于分解有机物较少的水)、镉灯、锌灯(适用于含有机物较多的河水及一般污水)。紫外光照射消化法分解效率高,无外来污染,易于实现自动化分析。

(二)富集与分离

(1)鼓气吸收法。用碘化钾和二氯化锡还原水样中的汞为单质,然后通入氮气、氩气或空气,利用汞的高挥发性,将汞蒸气吹出,以高锰酸钾-硫酸或碘-碘化钾吸收。

(2)萃取法。用双硫腙或其他有机溶剂萃取水样中的汞。

(3)汞齐法。利用汞易与金属形成合金的特点,加热汞齐又释放出汞蒸气加以测定。常用的金属有金、银、铜、铂。金汞齐的优点是精确,干扰少,但价格昂贵;银汞齐的缺点是性能差,且银易受硫污染而失效,但价廉;铜的性能较差,但简单易行。

(4)电解法。重铬酸钾-硝酸与样品在 100~120℃ 下加热,于 10mA 和 3V 条件下,用铂-铜作为电极进行电解富集,然后用原子吸收光谱法分析电极上的沉积物,测定污水中汞检出上限达 $0.05\mu g/L$。

(5)吸附法。用巯基棉吸附有机汞和无机汞,然后用 2mol/L 的盐酸洗脱有机汞,用氯化钠饱和的 6mol/L 盐酸洗脱无机汞,然后分别测定。也可用活性炭 100mg 吸附,接触 1h 后回收率达 97%~98%。

(三)测定方法

由于水中汞含量甚微,因此,要求监测方法快速、准确、灵敏和简便。常用的方法有比色法、冷原子吸收法、冷原子荧光法、电化学法和中子活化法等。

(1)双硫腙分光光度法。双硫腙(二苯硫代卡巴腙)是比色测定汞中使用得最广泛的试剂,已有几十年的历史了,此试剂非常灵敏,摩尔吸光系数 $\varepsilon_{485} = 7.12 \times 10^4$,可以测定 0.001mg/L 的 Hg。

水样于 95℃、在酸性介质中用高锰酸钾和过硫酸钾消解,将无机汞和有机汞转化为二价汞。用盐酸羟胺将过剩的氧化剂还原,在酸性条件下,汞离子与双硫腙生成橙色螯合物,用有机溶剂萃取,再用碱液洗去过剩的双硫腙,于 485nm 波长处测定吸光度,以标准曲线法求水样中汞的含量。

(2)冷原子吸收法。汞蒸气对波长为 253.7nm 的紫外光有选择性吸收,在一定的浓度范围内,吸光度与汞浓度成正比。水样中的汞化合物经酸性高锰酸钾热消解,转化为无机的二价汞离子,再经亚锡离子还原为单质汞,用载气或振荡使之挥发。该原子蒸气对来自汞灯的辐射显示出选择性吸收。

冷原子吸收专用汞分析仪器主要由光源、吸收管、试样系统、光电检测系统、指示系统等主要部件组成。

光源的作用是产生供吸收的辐射。多数仪器用低压汞灯作为光源,也有用空心阴极灯的。低压汞灯的辐射光谱中的 253.7nm 的能量占 75% 左右,故专用汞分析仪中采用低压汞灯比空心阴极灯更合适。吸收管相当于分光光度计的比色管,盛放汞原子蒸气。吸收管的体积、形状和仪器分析灵敏度有密切关系,直径越小,长度越长,灵敏度越高。

测定水样前,先用 $HgCl_2$ 配制系列汞标准溶液,分步吸取适量汞标准溶液于还原瓶内,加入氯化锡溶液,迅速通入载气,记录表头的指示值,以经过空白校正的吸光度为纵坐标、相应标准溶液的汞浓度为横坐标绘制出标准曲线。

取适量氧化处理好的水样于还原瓶中,与标准溶液进行同样的操作测定水样的吸光度,扣除空白值从标准曲线上查得汞浓度。

(3)冷原子荧光法。冷原子荧光法是在原子吸收法的基础上发展起来的,是一种发射光谱法。汞灯发射光束经过由水样所含汞元素转化的汞蒸气云时,汞原子吸收特定共振波的能量,使其由基态激发到高能态,而当被激发的原子回到基态时,将发出荧光,通过测定荧光强度的大小,即可测出水样中汞的含量。这是冷原子荧光法的工作基础。检测荧光强度的检测器要放置在和汞灯发射光束成直角的位置上。

冷原子荧光法简单,线性范围广,灵敏度高,干扰少,能测出 1×10^{-9} g/L 级的汞。

三、镉

镉的测定方法主要有原子吸收分光光度法、双硫腙分光光度法、阳极溶出伏安法等。

清洁水样可无需制备,可直接进行分析,或只加少量硝酸-盐酸消化即可。对土壤和污水常用王水-高氯酸消化样品,也可用 1mol/L 盐酸分解样品。此法简便、快速,空白值低,深受分析者的喜爱。若要测定有效态镉,可用 0.1mol/L 盐酸振荡提取或用 EDTA、DTPA(二乙烯三胺五乙酸)振荡提取。

1. 双硫腙分光光度法

双硫腙分光光度法是利用镉离子在强碱性条件下与双硫腙生成红色螯合物,用三氯甲烷萃取分离后,于 518nm 波长处测其吸光度,与标准溶液比较定量。

反应式为:

最大吸收波长为 518nm,镉-双硫腙螯合物的摩尔吸光系数为 8.56×10^4。水样中含铅 20mg/L、锌 30mg/L、铜 40mg/L、锰和铁 4mg/L,不干扰测定;镁离子浓度达 20mg/L 时,需要加酒石酸钾钠掩蔽。当有大量有机物污染时,需把水样消解后测定。

本法适用于受镉污染的天然水和废水中镉的测定,测定前应对水样进行消解处理。本法最低检出的质量浓度为 0.001mg/L,测定上限为 0.06mg/L。

2. 原子吸收分光光度法

原子吸收分光光度法也称原子吸收光谱法(AAS),简称原子吸收法。

(1)直接吸入火焰原子吸收分光光度法测定:将样品或消解处理好的试样直接吸入火焰,火焰中形成的原子蒸气对光源发射的特征电磁辐射产生吸收。将测得的样品吸光度和标准溶液的吸光度进行比较,确定样品中被测元素的含量。测定条件和方法适用浓度范围见下表所示。

Cd、Cu、Pb、Zn 的原子吸收光谱法测定条件及其测定浓度范围

元素	分析线(nm)	火焰类型	测定浓度范围(mg/L)
Cd	228.8	乙炔-空气,氧化型	0.05~1
Cu	324.7	乙炔-空气,氧化型	0.05~5
Pb	283.3	乙炔-空气,氧化型	0.2~10
Zn	213.8	乙炔-空气,氧化型	0.05~1

清洁水样可不经预处理直接测定,污染的地面水和废水需用硝酸或硝酸-高氯酸钾消解,并进行过滤、定容。

本法适用于测定地面水、地下水和废水中的镉、铅、铜和锌。

(2)萃取火焰原子吸收分光光度法测定。本法适用于含量较低、需进行富集后测定的水样。对一般仪器的适用浓度范围为镉 1~50μg/L、铅 10~200μg/L。

清洁水样或经消解的水样中待测金属离子在酸性介质中与砒咯烷二硫代氨基甲酸铵(APDC)生成配合物,用甲基异丁基甲酮(MIBK)萃取后吸入火焰进行原子分光光度测定。

(3)离子交换火焰原子吸收分光光度法测定。用强酸型阳离子交换树脂吸附富集水样中的镉、铜、铅离子,再用酸作为洗脱液洗脱后吸入火焰进行原子吸收测定。

该方法适合于较清洁地表水的监测。

方法的最低检出质量浓度为镉 0.1μg/L、铜 0.93μg/L、铅 1.4μg/L。

(4)石墨炉原子吸收分光光度法测定痕量镉(铜和铅)。该法是将清洁水样和标准溶液直接注入石墨炉内进行测定。

四、铅

铅的测定方法有双硫腙分光光度法、原子吸收分光光度法、阳极溶出伏安法和示波极谱法。原子吸收分光光度法和阳极溶出伏安法测铅可参见镉的测定,本节着重介绍双硫腙分光光度法。

1. 原理

在 pH 值为 8.5~9.5 的氨性柠檬酸盐-氰化物的还原性介质中,铅与双硫腙形成可被三氯甲烷(或四氯化碳)萃取的淡红色的双硫腙铅螯合物。其反应式为:

$$Pb^{2+}+2S=C\begin{pmatrix}N-N-H\\|\quad|\\H\ C_6H_5\\N-N-H\\|\\C_6H_5\end{pmatrix} \longrightarrow S=C\begin{pmatrix}N-N\\|\quad|\\H\ C_6H_5\\N=N\\|\\C_6H_5\end{pmatrix}Pb\begin{pmatrix}N=N\\|\\C_6H_5\\N-N\\|\quad|\\C_6H_5\ H\end{pmatrix}C=S+2H^+$$

双硫腙(绿色)　　　　　铅-双硫腙螯合物(淡红色)

有机相可在最大吸光波长 510nm 处测量,利用工作曲线法求得水样中铅的含量,该法的线性范围为 0.01~0.3mg/L。铅-双硫腙螯合物的摩尔吸光系数为 $0.7×10^4$。

2. 适用范围

该方法适用于地面水和废水中痕量铅的测定。当使用 10mm 比色皿、试样体积为 100ml、用 10ml 双硫腙三氯甲烷溶液萃取时,铅的最低检出质量浓度可达 0.01mg/L,测定上限为 0.3mg/L。

测定时,要特别注意器皿、试剂及去离子水是否含痕量铅,这是能否获得准确结果的关键。所用 KCN 毒性极大,在操作中一定要在碱性溶液中进行,严防接触手上破皮之处。Bi^{3+}、Sn^{2+} 等干扰测定,可预先在 pH 值为 2~3 时用双硫腙三氯甲烷溶液萃取分离。为防止双硫腙被一些氧化物质如 Fe^{3+} 等氧化,在氨介质中需加入盐酸羟胺和亚硫酸钠。

五、铜

水环境中铜含量的变化较大,海水中为 $1\sim5\mu g/L$,淡水中含量每升约为数十微克,饮用水中铜含量在很大程度上取决于水管和水龙头的种类,其含量可高至 1mg/L,这说明通过饮水摄入的铜量可能是很可观的。

(1)二乙氨基二硫代甲酸钠萃取分光光度法。铜离子在 pH 值为 $9\sim10$ 的氨性溶液中与二乙氨基二硫代甲酸钠(铜试剂,简写为 DDTC)作用,生成摩尔比为 1∶2 的黄棕色胶体配合物,即

$$2(C_2H_5)_2N-\overset{S}{\underset{\|}{C}}-S-Na+Cu^{2+} \longrightarrow (C_2H_5)_2N-C\overset{S}{\underset{S}{\diagup}}Cu\overset{S}{\underset{S}{\diagdown}}C-N(C_2H_5)_2+2Na^+$$

用四氯化碳或三氯甲烷萃取,波长为 440nm 条件下进行测定。水样中含铁、锰、镍、钴和铋等离子时,干扰铜的测定。可用 EDTA 及柠檬酸铵掩蔽消除,铋干扰可以通过加入氰化钠予以消除。

当水样中含铜较高时,可加入明胶、阿拉伯胶等胶体保护剂,在水相中直接进行分光光度测定。

该方法最低检测质量浓度为 0.01mg/L,测定上限可达 2.0mg/L。该方法现已用于地面水和工业废水中铜的测定。

(2)新亚铜灵萃取分光光度法。水样中的二价铜离子用盐酸羟胺还原为亚铜离子。在中性或微酸性介质中,亚铜离子与新亚铜灵(2,9-二甲基-1,10-菲啰啉)反应,生成摩尔比为 1∶2 的黄色配合物,即

用三氯甲烷-甲醇混合溶剂萃取,于 457nm 波长处测定吸光度,用标准曲线法进行定量测定。

铍、大量铬(Ⅵ)、锡(Ⅳ)等氧化性离子及氰化物、硫化物、有机物对测定有干扰。若在水样中和之前加入盐酸羟胺和柠檬酸钠,则可消除铍的干扰。大量铬(Ⅵ)可用亚硫酸盐还原,锡(Ⅳ)等氧化性离子可用盐酸羟胺还原。样品通过消解可除去氰化物、硫化物和有机化合物的干扰。

该方法最低检出质量浓度为 0.06mg/L,测定上限为 3mg/L,适用于地面水、生活污水、工业废水的测定。

六、锌

锌的测定方法有双硫腙分光光度法、阳极溶出伏安法或示波极谱法。原子吸收分光光度法测定锌,灵敏度较高,干扰少,适用于各种水体。

下面简单介绍双硫腙分光光度测定法。

在 pH=$4.0\sim5.5$ 的乙酸缓冲介质中,锌离子与双硫腙发生反应生成红色螯合物,用四氯

化碳或二氯甲烷萃取后,于其最大吸收波长535nm处,以四氯化碳作为参比,测其经空白校正后的吸光度,用标准曲线法定量。

水中存在少量铋、镉、钴、铜、铅、汞、镍、亚锡等金属离子时,有干扰,可用硫代硫酸钠作为掩蔽剂和控制溶液的pH值而予以消除。

混色法的最低检测质量浓度为0.005mg/L,适用于天然水和轻度污染的地面水中锌的测定。

七、铬

在水体中,铬主要以三价和六价态出现。六价铬一般以CrO_4^{2-}、$HCr_2O_7^-$、$Cr_2O_7^{2-}$ 3种阴离子形式存在,受水体pH值、温度、氧化还原物质、有机物等因素的影响。

天然水中铬的含量很低,通常为μg/L或小于μg/L水平。河、湖水中质量浓度通常小于10μg/L;海水中铬的平均质量浓度为0.05μg/L;饮用水中更低。

铬的测定方法主要有二苯碳酰二肼分光光度法、原子吸收分光光度法、硫酸亚铁铵滴定法等。

1. 六价铬的测定

在酸性介质中,六价铬与二苯碳酰二肼(DPC)发生反应,生成紫红色配合物,其色度在一定浓度范围内与含量成正比,于540nm波长处进行比色测定,利用标准曲线法求水样中铬的含量。化学反应式为

$$\text{DPC} + Cr^{6+} \longrightarrow \text{(苯肼羟基偶氮苯)} + Cr^{3+} \longrightarrow \text{紫红色配合物}$$

当取样体积为50ml、使用光程为30mm的比色皿时,方法的铬最低检出质量浓度为0.004mg/L,使用光程为10mm比色皿,铬测定上限为1mg/L。

对于清洁水样可直接测定;对于色度不大的水样,可以用丙酮代替显色剂的空白水样作为参比测定;对于浑浊、色度较深的水样,以氢氧化锌作为共沉淀剂,调节溶液pH值至8~9,此时Cr^{3+}、Fe^{3+}、Cu^{2+}均形成氢氧化物沉淀,可被过滤除去,与水样中的Cr^{6+}分离;存在亚硫酸盐、二价铁等还原性物质和次氯酸盐等氧化性物质时,也应采取相应的消除干扰措施。

取适量清洁水样或经过预处理的水样,加酸、显色、定容,以水作为参比测其吸光度并做空白校正,从标准曲线上查得并计算水样中六价铬的含量。

配制系列铬标准溶液,按照水样测定步骤操作。将测得的吸光度经空白校正后,绘制吸光度对六价铬含量的标准曲线。

必须注意的是:水样应在取样当天分析,因为在保存期间六价铬会损失;另外,水样应在中性或弱碱性条件下存放。已有实验证实,在pH值为2的条件下保存,1天之内六价铬全部转化为三价铬。

2. 总铬的测定

由于三价铬不与二苯碳酰二肼反应,因此必须先将水样中的三价铬氧化成六价铬后,再用比色法测得水中的总铬。

(1) 酸性高锰酸钾氧化法。在酸性溶液中,首先将水样中的三价铬用高锰酸钾氧化成六价铬,过量的高锰酸钾用亚硝酸钠分解,过剩的亚硝酸钠为尿素所分解;得到的清液用二苯碳酰二肼显色,于540nm处进行分光光度测定。

本法最低铬检出质量浓度为0.004mg/L,铬测定上限浓度为0.2mg/L。

清洁地面水可直接用高锰酸钾氧化后测定;水样中含大量有机物时,用硝酸-硫酸消解。

(2) 碱性高锰酸钾氧化法。在碱性条件下,用高锰酸钾将水样中的三价铬氧化为六价铬,过量的高锰酸钾用乙醇分解,加氧化镁使二氧化锰沉淀凝聚。过滤后,在一定酸度条件下加二苯碳酰二肼生成紫红色产物,在540nm波长处进行比色测定。

(3) 硫酸亚铁铵滴定法。硫酸亚铁铵法适用于总铬质量浓度大于1mg/L的废水。其原理为:在酸性介质中,以银盐作为催化剂,用过硫酸铵将三价铬氧化成六价铬;加少量氯化钠并煮沸,除去过量的过硫酸铵和反应中产生的氯气;以苯基代邻氨基苯甲酸作为指示剂,用硫酸亚铁铵标准溶液滴定,至溶液呈亮绿色。其滴定反应式如下。

$$6Fe(NH_4)_2(SO_4)_2 + K_2Cr_2O_7 + 7H_2SO_4 = 3Fe_2(SO_4)_3 + Cr_2(SO_4)_3 + K_2SO_4 + 6(NH_4)_2SO_4 + 7H_2O$$

根据硫酸亚铁铵溶液的浓度和进行试剂空白校正后的用量,可计算出水样中总铬的含量。

八、砷

砷不溶于水,可溶于酸和王水中。砷的可溶性化合物都极具毒性,三价砷化合物比五价砷化合物毒性更强。口服As_2O_3(俗称砒霜)5~10mg可造成急性中毒,致死量为60~200mg。砷的质量浓度为1~2mg/L时对鱼有毒。

天然水中通常都含有一定量的砷,淡水中砷的本底值小于10μg/L,海水中含砷6~30μg/L,矿泉水中含砷6~10mg/L,有些温泉水高达25mg/L。中国一些主要河道干流中,水中砷含量为0.01~0.6mg/L。长江水中砷含量一般小于6μg/L,松花江水系砷含量为0.3~1.17μg/L。

水体中砷的测定方法有新银盐分光光度法、二乙氨基二硫代甲酸银分光光度法和原子吸收分光光度法等。

1. 新银盐分光光度法

(1) 原理。硼氢化钾(KBH_4)在酸性溶液中,产生新生态氢,将水样中无机砷还原成砷化氢(AsH_3,即胂)气体。以硝酸-硝酸银-聚乙烯醇-乙醇溶液为吸收液,砷化氢将吸收液中的银离子还原成单质胶态银,使溶液呈黄色,其颜色深浅与生成氢化物的量成正比。黄色溶液在400nm处有最大吸收,且吸收峰形对称。砷化氢发生与吸收装置如图2-3所示,反应式为

$$KBH_4 + 3H_2O + H^+ \rightarrow H_3BO_3 + K^+ + 8[H]$$
$$[H] + As^{3+}(As^{5+}) \rightarrow AsH_3 \uparrow$$
$$AsH_3 + 6AgNO_3 + 2H_2O \rightarrow 6Ag^0 + HAsO_2 + 6HNO_3$$
(黄色胶态银)

(2) 干扰及消除。新银盐分光光度法对砷的测定具有较好的选择性。但在反应中能生成与砷化氢类似氢化物的其他离子有正干扰,如锑、铋、锡等;能被氢还原的金属离子有负干扰,如镍、钴、铁等;常见离子没有干扰。

在含2μg砷的250ml的试样中加入0.15mol/L的酒石酸溶液20ml,可消除为砷量800倍

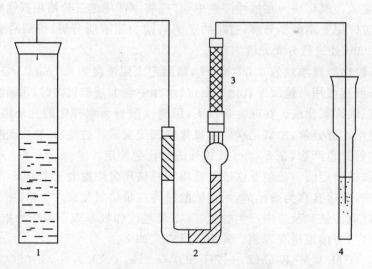

图 2-3 砷化氢发生与吸收装置
1. 反应管；2. U形管；3. 脱氨管；4. 吸收管

的铅、锰、锌、镉，200倍的铁，80倍的镍、钴，30倍的铜，2.5倍的锡(Ⅳ)的干扰；用乙酸铅棉可消除硫化物的干扰。

对于清洁的地下水和地面水，可直接取样进行测定；对于被污染的水，要用盐酸-硝酸-高氯酸消解。水样经调节 pH 值、加还原剂和掩蔽剂后移入反应管中进行测定。

本法适用于地面水、地下水、饮用水中痕量砷的测定。当取 250ml 水样时，用 1cm 吸收池时，最低检出质量浓度为 $0.4\mu g/L$，测定上限为 $12\mu g/L$。

2. 二乙氨荃二硫代甲酸银分光光度法

酸性条件下，五价砷被碘化钾/氯化亚锡还原为三价砷，并与新生态氢发生反应生成气态砷化氢(胂)，被吸收于二乙氨基二硫代甲酸银(AgDDC)-三乙醇胺的三氯甲烷溶液中，生成红色的胶体银，在 510nm 波长处，以三氯甲烷为参比测其经空白校正后的吸光度，用标准曲线法定量。显色反应式如下。

$$H_3AsO_4 + 2KI + 2HCl \rightarrow H_2AsO_3 + I_2 + 2KCl + H_2O$$
$$I_2 + SnCl_2 + 2HCl \rightarrow SnCl_4 + 2HI$$
$$H_3AsO_4 + SnCl_2 + 2HCl \rightarrow H_3AsO_3 + SnCl_4 + H_2O$$
$$H_3AsO_4 + 3Zn + 6HCl \rightarrow AsH_3\uparrow + 3ZnCl_2 + 3H_2O$$

$$AsH_3 + 6 \begin{array}{c}C_2H_5\\ \diagdown\\ N-C-SAg\\ \diagup \quad \|\\ C_2H_5 \quad S\end{array} \rightarrow 6Ag + 3 \begin{array}{c}C_2H_5\\ \diagdown\\ N-C-SH+As\\ \diagup \quad \|\\ C_2H_5 \quad S\end{array} \left[\begin{array}{c}C_2H_5\\ \diagdown\\ N-C-S\\ \diagup \quad \|\\ C_2H_5 \quad S\end{array}\right]_3$$

(AgDDC)

清洁水样可直接取样加硫酸后测定，含有机物的水样应用硝酸-硫酸消解。当水样中共存锑、铋和硫化物时会干扰测定。氯化亚锡和碘化钾的存在可抑制锑、铋干扰；硫化物可用乙酸铅棉吸收去除。由于砷化氢剧毒，所以整个反应在通风橱内进行。

该方法最低检测砷质量浓度为 0.007mg/L,测定上限为 0.50g/L。

九、其他金属化合物

根据水和废水污染类型和对用水水质的要求不同,有时还需要监测其他金属元素。详细内容可查阅,《水和废水监测分析方法》和其他水质监测资料。

十、思考题

1. 简述原子吸收分光光度法的原理。
2. 空心阴极灯为何需要预热？
3. 简述什么是荧光(原理)？

实验十六 高效液相色谱法测定环境样品中的多环芳烃

一、目的和要求

(1) 了解高效液相色谱的构造与组成。
(2) 掌握高效液相色谱的使用方法。

二、原理

1. 高效液相色谱的原理与方法

高效液相色谱是在经典液相色谱的基础上发展起来的。液相色谱是指流动相为液体的色谱技术,高效液相色谱在技术上采用了高压泵、高效固定相和高灵敏度检测器,从而实现分析速度快、分离效率高和操作自动化。高效液相色谱仪框图如图2-4所示。

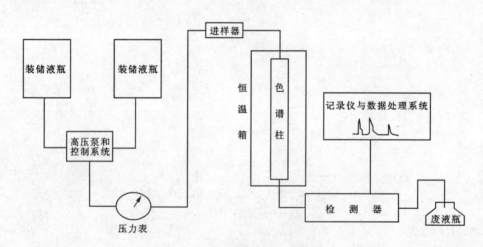

图2-4 高效液相色谱仪框图

(1) 高压。液体色谱是以液体作为流动相(常称载液),当液体流经色谱柱时,受到的阻力较大,为了能迅速通过色谱柱,必须对载液施加高压。在高效液相色谱中,液压力和进样压力都很高,一般可达14.7~29.42MPa,有时甚至可达49.3MPa以上。高压是高效液相色谱的一个突出特点。

(2) 高速。高效液相色谱所需的分析时间比经典液相色谱少得多,一般都低于1h。例如,分离苯的羟基化合物,7个组分只需1min就已完成。载液在色谱柱内的流速比经典液体色谱高得多,一般可达1~10ml/min以上,已近似于气相色谱的流速。

(3) 高效。高效液相色谱的核心是色谱柱,通常是以耐压不锈钢为柱材料,内填充 $\phi 3$~$10\mu m$ 固定相(一般为化学键合固定相)。柱效可达每米5 000~20 000塔板,使分离效果和分辨本领都大大提高,有时一根柱子可以分离100种以上的组分。

(4) 高灵敏度。高效液相色谱已广泛采用高灵敏度的检测器,进一步提高了分析的灵敏度。例如,紫外检测器的最小检测量可达 10^{-9} g 数量级;荧光检测器的灵敏度可达 10^{-12} g。高效液相色谱的高灵敏度还表现在所需试样很少,微升数量级的样品就足以进行全分析。

由于高效液相色谱具有以上的突出优点,在目前的色谱文献中,又把它称为高压液相色谱、高速液相色谱或现代液相色谱。

(5) 分离机制。色谱分离的核心是待测物质在固定相和流动相之间的分配。液相色谱的分离机制可分为液液分配色谱、液固吸附色谱、离子交换色谱和凝胶渗透色谱。目前,液液分配色谱也远非经典概念上的定义,主要是使用了键合固定相,即在硅胶微粒表面化学键合上一层有机相。这种有机相既能起固定液的作用,又能长期保留在硅胶载体上。这种键合相的分离机制至今还不完全清楚,一般认为既有液液分配,又有吸附作用。现在,键合固定相被广泛使用,约占全部固定相的 90%,其中以 C_{18} 为化学键合相的占到 80%,因为它们的分离效率高。

2. 环境中多环芳烃化合物

多环芳烃(PAH)广泛存在于环境中,这类化合物中已有不少被确定或怀疑具有致癌或致突变作用,所以日益引起人们的关注。PAH 主要是在煤、石油等矿物性燃料不完全燃烧时产生的,主要的工业污染源是焦化、石油炼制、炼钢等工业排放的废水和废气。在各种水中的最高允许质量浓度为:地下水 50μg/L;地面水 1μg/L;废水 100μg/L。

目前国内外分离和测定 PAH 的主要方法有薄层色谱法、气相色谱法和高效液相色谱法(HPLC)。HPLC 测定 PAH,不需高温,对某些 PAH 的测定具有较高的分辨率和灵敏度,柱后馏分便于收集进行光谱鉴定等优点,所以近年来,HPLC 法广泛用于 PAH 的测定。

三、仪器

(1) 高效液相色谱仪、可调波长紫外检测器。
(2) 色谱柱、C18 反相柱。
(3) 中流量采样器。
(4) 滤膜(8cm 超细玻璃纤维滤膜)。
(5) 索氏提取器。
(6) K-D 浓缩器。

四、试剂

(1) PAH 标准样品。荧蒽、苯并[b]荧蒽、苯并[k]荧蒽、苯并[a]芘、苯并[ghi]芘、茚并[1,2,3-cd]芘。如无 PAH 标样,可用烷基取代苯系列(苯、甲苯、二甲苯、三甲苯、乙苯、二乙苯等)。
(2) 流动相用水为二次蒸馏水,甲醇为 HPLC 级。
(3) 其他试剂皆为分析纯级。

五、实验步骤

1. 样品预处理

(1) PAH 的萃取。将颗粒物样品滤膜("毛"面朝里)折叠后,小心放入索氏提取器的渗滤管中,注意不要让滤膜堵塞回流管,渗滤管上下部分分别与冷凝管和接受瓶连接好,加入 40ml

环己烷,置于温度为 98±1℃ 的水浴锅中进行回流。要求水面要达到接受瓶高度的 2/3,连续回流 8h。

(2)PAH 的分离及浓缩。称取含水量 10%(质量分数)氟罗里土 6g,制成环己烷浆液,装入内径为 10mm 的玻璃柱内,将环己烷回流液通过层析柱。用 10~20ml 环己烷分 3 次洗涤索氏提取器,洗涤液过柱。

用 75~100ml 二氯甲烷/丙酮[(8:1)~(4:1),体积分数]的洗脱液浸泡层析柱(40~60min),再用 50~60ml 洗脱液洗脱(流速控制在 2ml/min 左右)。将全部洗脱液接入浓缩装置,在水浴(60~70℃)上浓缩至预定体积(0.3~0.5ml),供 HPLC 分析。

2. HPLC 分析

(1)色谱条件(供参考,可根据仪器及柱型选用最适合的条件)。

单泵:流动相为 95% 二次蒸馏水+5% 甲醇。

程序洗脱(双泵或多泵系统):A 溶剂,85% 二次蒸馏水+15% 甲醇;B 溶剂,100% 甲醇。

流速:0.5ml/min。

程序洗脱:75%B 保持 8min,然后以每分钟 1% B 的速度线性增加至 92%B,保持至出峰完,平衡 15min。

柱温:30℃。

进样量:5~10μL。

检测器:254nm 或可调波长于 276nm。

(2)PAH 的测定。按以上色谱条件分析标样,得到 PAH 标样的色谱图,并分析未知样品,得到样品色谱图。以保留时间定性,按外标法计算样品中各个 PAH 的浓度。也可将 PAH 配成标准系列,测定不同浓度的响应,并绘制响应曲线(工作曲线),即可得样品中 PAH 的含量。

六、数据处理

$$PAH 的含量(\mu g/L) = \frac{A_0 \times H \times V_t}{V_i \times V_s}$$

式中:A_0 为标样浓度×进样体积/标样峰高($\mu g/mm$);H 为样品峰高(mm);V_t 为样品浓缩液体积(μL);V_i 为样品进样体积(μL);V_s 为水样体积(L)。

七、注意事项

(1)本实验分析对象为致癌物,因此要有保护措施,如使用一次性塑料手套。
(2)整个操作过程要在避光条件下进行,防止 PAH 分解。
(3)配备标样的溶剂必须能与流动相很好混合,否则在色谱分析时可能会出现误差。
(4)本实验未使用内标,进样量应力求准确。

八、思考题

1. 本实验是否可以使用正相色谱柱,如硅胶柱?为什么?
2. 本实验是否可以使用内标?如可以,应如何选择内标?
3. 使用高效液相色谱法准确测定环境样品时应主要注意什么?

实验十七　离子色谱法测定水样中常见阴离子含量

一、目的和要求

(1) 学习离子色谱分析的基本原理及其操作方法。
(2) 掌握离子色谱法的定性和定量分析方法。

二、原理

离子色谱法是在经典的离子交换色谱法基础上发展起来的，这种色谱法以阴离子或阳离子交换树脂为固定相，电解质溶液为流动相（洗脱液）。在分离阴离子时，常用 $NaHCO_3$-Na_2CO_3 的混合液或 Na_2CO_3 溶液作为洗脱液；在分离阳离子时，常用稀盐酸或稀硝酸溶液。由于待测离子对离子交换树脂亲和力不同，致使它们在分离柱内具有不同的保留时间而得到分离。此法常使用电导检测器进行检测。为消除洗脱液中强电解质电导对检测的干扰，在分离柱和检测器之间串联一根抑制柱，从而变为双柱型离子色谱法（图2-5）。

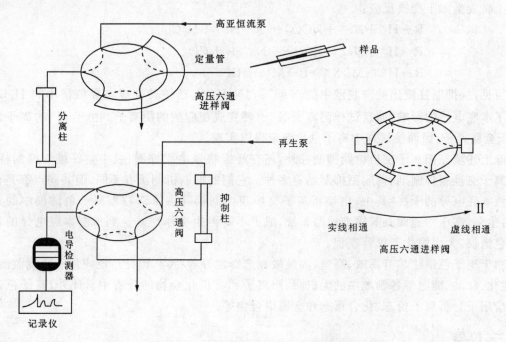

图 2-5　双柱型离子色谱仪流程示意图

图 2-5 为双柱型离子色谱仪流程示意图。它由高压恒流泵、高压六通进样阀、分离柱、抑制柱、再生泵及电导检测器和记录仪等组成。充样时试液被截留在定量管内，当高压六通进样阀转向进样时，洗脱液由高压恒流泵输入经定量管，试液被带入分离柱。在分离柱中发生如下交换过程：

$$R-HCO_3 + MX \xrightarrow{交换,洗脱} RX + MHCO_3$$

式中：R 代表离子交换树脂。

由于洗脱液不断流过分离柱，使交换在阴离子交换树脂上的各种阴离子 X^{n-} 又被洗脱，发生洗脱过程。各种阴离子在不断进行交换及洗脱过程中，由于亲和力不同，交换和洗脱过程也有所不同，亲和力小的离子先流出分离柱，而亲和力大的离子后流出分离柱，因而各种不同离子均得到分离，如图 2-6 标准样品谱图所示。

在使用电导检测器时，当待测阴离子从柱中被洗脱而进入电导池时，要求电导检测器能随时检测出洗脱液中电导的改变，但因洗脱液中 HCO_3^-、CO_3^{2-} 的浓度要比试样阴离子浓度大得多，与洗脱液本身的电导值相比，试液离子电导贡献显得微不足道，因而电导检测器已难以检测出由于试液离子浓度变化所导致的电导变化。若使分离柱流出的洗脱液通过填充有高容量 H^+ 型阳离子交换树脂柱（即抑制柱），则在抑制柱上将发生如下交换反应：

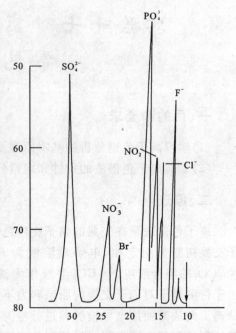

图 2-6 双柱型离子色谱仪流程示意图

$$R-H^+ + Na^+ + HCO_3^- \rightarrow R-Na^+ + H_2CO_3$$
$$R-H^+ + Na_2^+ CO_3^{2-} \rightarrow R-Na^+ + H_2CO_3$$
$$R-H^+ + M^+ X^- \rightarrow R-M^+ + HX$$

可见，从抑制柱流出的洗脱液中的 Na_2CO_3、$NaHCO_3$ 已被转变成电导值很小的 H_2CO_3，消除了本底电导的影响，而且试样阴离子 X^- 也转变成相应酸的阴离子。由于 H^+ 的离子浓度 7 倍于金属离子，因而使试样中离子电导测定得以实现。

除上述填充阳离子交换树脂抑制柱外，还有纤维状带电膜抑制柱、中空纤维管抑制柱、电渗析离子交换膜抑制剂、薄膜型抑制器等多种。它们的抑制机制虽有不同，但共同点都是消除洗脱液本底电导的干扰，其中，电渗析离子交换膜抑制器除去了双柱型离子色谱仪中的抑制柱、再生泵、高压六通阀及其输液流路系统，成了不需再生操作即能达到抑制本底电导的新型离子色谱仪，大大简化了仪器流程。

由于离子色谱法具有高效、高速、高灵敏和选择性好等特点，因此广泛应用于环境监测、化工、生化、食品、能源等各领域中的无机阴、阳离子和有机化合物的分析中。此外，离子色谱法还能应用于分析离子价态、化合形态和金属络合物等。

三、仪器

(1) 离子色谱仪。
(2) 超声波发生器。
(3) 100 μL 微量进样器。

四、试剂

(1) NaF、KCl、NaBr、K_2SO_4、$NaNO_2$、NaH_2PO_4、$NaNO_3$、Na_2CO_3、$NaHCO_3$、H_3BO_3、浓H_2SO_4 等均为优级纯。

(2) 纯水。经 $0.4\mu m$ 微孔滤膜过滤去离子水,其电导率小于 $5\mu S/cm$。

(3) 7 种阴离子标准储备液的制备。分别称取适量的 NaF、KCl、NaBr、K_2SO_4(于 105℃下烘干 24h,保存在干燥器内)、$NaNO_2$、NaH_2PO_4、$NaNO_3$(于干燥器内干燥 24h 以上)溶于水中,转移到各 1 000ml 容量瓶中,然后各加入 10.00ml 洗脱储备液,并用水稀释至刻度,摇匀备用。7 种标准储备液中各阴离子的浓度均为 1.00mg/ml。

(4) 7 种阴离子的标准混合使用液的配制。分别吸取上述 7 种标准储备液体积如表所示。

各标准储备液使用量

标准储备液	NaF	KCl	NaBr	$NaNO_3$	$NaNO_2$	K_2SO_4	NaH_2PO_4
使用量(ml)	0.75	1.00	2.50	5.00	2.50	12.50	12.50

在同一个 500ml 容量瓶中,再加入 5.00ml 洗脱储备液,然后用水稀释至刻度线,摇匀,该标准混合使用液中各阴离子浓度如表所示。

混合标准样阴离子浓度

阴离子	F^-	Cl^-	Br^-	NO_3^-	NO_2^-	SO_4^{2-}	PO_4^{3-}
$C(\mu g/ml)$	1.50	2.00	5.00	10.00	5.00	25.0	25.0

(5) 洗脱储备液($NaHCO_3 - Na_2CO_3$)的配制。分别称取 26.04g $NaHCO_3$ 和 25.44g Na_2CO_3(于 105℃下烘干 2h,并保存在干燥器内),溶于水中,并转移到一只 1 000ml 容量瓶中,用水稀释至刻度线,摇匀。该洗脱储备液中 $NaHCO_3$ 的浓度为 0.31mol/L,Na_2CO_3 浓度为 0.24mol/L。

(6) 洗脱使用液(即洗脱液)的配制。吸取上述洗脱储备液 10.00ml 于 1 000ml 容量瓶中,用水稀释至刻度线,摇匀,用 $0.45\mu m$ 微孔滤膜过滤,即得 0.003 1mol/L $NaHCO_3$ － 0.002 4mol/L Na_2CO_3 洗脱液,备用。

(7) 抑制液(0.1mol/L H_2SO_4 和 0.1mol/L H_3BO_3 混合液)的配制。称取 6.2g H_3BO_3 于 1 000ml 烧杯中,加入约 800ml 纯水溶解,缓慢加入 5.6ml 浓 H_2SO_4,并转移到 1 000ml 容量瓶中,用纯水稀释至刻度,摇匀。

(8) 实验条件(可根据仪器设备选择)。

分离柱:$\Phi 4mm \times 300mm$,内填粒子为 $10\mu m$ 阴离子交换树脂。

抑制剂:电渗析离子交换膜抑制器,抑制电流 48mA。

洗脱液:$NaHCO_3 - Na_2CO_3$ 经超声波脱气,流量为 2.0ml/min。

柱保护液:(3‰)15g H_3BO_3 溶解于 500ml 纯水中。

电导池:5 极。

主机量程：5μS。
记录仪：量程1mV，低速120mm/h。
进样量：100μL。

五、实验步骤

(1) 吸取上述7种阴离子标准储备液各0.50ml，分别置于7只50ml容量瓶中，各加入洗脱储备液0.05ml，加水稀释至刻度，摇匀，即得各阴离子标准使用液。

(2) 根据实验条件，将仪器按照仪器操作步骤调节至可进样状态，待仪器上液路和电路系统达到平衡后，记录仪基线呈一直线，即可进样。

(3) 分别吸取100μL混合阴离子标准使用液进样，记录色谱图。各重复进样两次。

(4) 工作曲线的绘制。分别吸取阴离子标准混合使用液1ml、2ml、4ml、6ml、8ml于5只10ml容量瓶中，各加入0.1ml洗脱储备液，然后用水稀释到刻度，摇匀，分别吸取100μL进样，记录色谱图，重复进样两次。

(5) 取未知水样99ml，加1ml洗脱储备液，摇匀，经0.45μm微孔滤膜过滤后，取100μL按同样试验条件进样，记录色谱图，重复进样两次。

六、数据处理

(1) 测量各阴离子使用液色谱峰的保留时间t_R，并填入表中。

记录表格

	次数	F^-	Cl^-	NO_3^-	PO_4^{3-}	Br^-	NO_3^-	SO_4^{2-}
$t_{R/S}$	1							
	2							
	3							
	平均值							

(2) 测量标准混合使用液色谱图中各色谱峰的保留时间t_R（与上表t_R比较，确定各色谱峰属何种组分）与峰面积A及面积平均值（色谱数据处理机会自动输出这些数据，如仅有记录仪，则需要手工测量t_R、半峰宽$Y_{1/2}$与峰高h，并计算A等）。

(3) 由测得的各组分A做峰面积与浓度（$A-C$）的工作曲线。

(4) 确定未知水样色谱图中各色谱峰所代表的组分，并计算峰面积A，在相应的工作曲线上找出各组分的含量，或者将各组分色谱峰数据输入微机，分别求出各组分含量。若配有色谱数据处理机，也可打印出水样中各离子浓度。

七、注意事项

(1) 因离子色谱柱相对较为昂贵，所以应注意保护色谱柱，如每次使用完后，应将色谱柱用去离子水（或洗脱液）冲洗干净。

(2) 待测水样不应是严重污染的水样，否则应经过前期处理，以免污染色谱柱。

(3) 洗脱液需经超声波脱气。

八、思考题

1. 电导检测器为什么可作为离子谱分析的检测器？
2. 为什么在每一试液中都要加入 1‰ 的洗脱液成分？
3. 为什么离子色谱分离柱不需要再生，而抑制柱则需要再生？

实验十八　水中大肠菌群数的测定

一、实验目的

结合给水净化工程中的细菌检验,掌握水环境监测中和给水水质检验中大肠菌群数的测定方法,同时通过大肠菌群的测定,了解大肠菌群的生化特性。

二、原理

大肠菌群数的测定属于水卫生细菌学检验的内容。大肠菌群数是指每升水样中所含有的大肠菌群的总数目。水中大肠菌群数的多少,表明水体被粪便污染的程度,并间接地表明有肠道致病菌存在的可能性。我国现行生活饮用水卫生标准规定:大肠菌群数每升自来水中不得超过 3 个。水体受人畜粪便、生活污水或工业废水污染后,水中的细菌数量会大量增加。常用水中的细菌总数和大肠杆菌数来反映水体受微生物污染的程度,所以水的细菌学检验对了解水污染程度和在流行病学以及提供水质标准中具有重要的意义和价值。

人的肠道中存在三类细菌:①大肠菌群(G^- 菌);②肠球菌(G^+ 菌);③产气荚膜杆菌(G^+ 菌)。大肠杆菌是肠道中的正常菌群,由于大肠菌群的数量大,在体外存活时间与肠道致病菌相近,且检验方法比较简便,故被定为检验肠道致病菌的指示菌。大肠菌群一般包括四种细菌:大肠埃希菌属、柠檬酸细菌属(包含副肠道菌)、肠杆菌属和克雷伯菌属(包括产气杆菌),它们都是需氧及兼性厌氧的革兰阴性无芽孢杆菌,都能发酵葡萄糖产酸产气,但发酵乳糖的能力不一样。将它们接种到远藤培养基上,它们的菌落特征不同,从而可以将之区分,其中大肠埃希菌的菌落呈紫红色带金属光泽,柠檬酸细菌的菌落呈紫红或者深红色,产气杆菌的菌落呈淡红色,副大肠杆菌的菌落无色透明。

大肠菌群检验方法有多管发酵法和滤膜法。

三、仪器

(1) 锥形瓶(500ml)1 个。
(2) 试管 (18mm×180mm)6 支或 7 支、大试管(容积 150ml)2 支。
(3) 移液管 1ml 2 支及 10ml 1 支。
(4) 培养皿(直径 90mm)10 套。
(5) 接种环、试管架 1 个。
(6) 显微镜、500ml 滤器、0.45μm 波膜。

四、材料

(1) 革兰染色液一套、草酸铵结晶紫、革氏碘液、95%乙醇、蕃红染液。
(2) 蛋白胨、乳糖、磷酸氢二钾、琼脂、无水亚硫酸钠、牛肉膏、氯化钠、1.6% 溴甲酚紫乙醇溶液、5%碱性品红乙醇溶液、2%伊红水溶液、0.5%美蓝水溶液、自来水 400ml。
(3) 10%NaOH、10%HCl、精密 pH 试纸(6.4～5.4)。

五、实验前准备工作

(一)玻璃器皿的洗涤和包装

1. 玻璃器皿的洗涤

(1)一般玻璃器皿的洗涤和化学实验中方法一致。

(2)带菌吸管和滴管的洗涤方法:先在5%石炭酸水溶液中浸泡数小时,然后在洗涤液中浸泡数小时,用水冲洗,最后用蒸馏水冲洗。

(3)带菌玻璃器皿的洗涤方法:如果带有致病菌的器皿首先要加压灭菌后再洗涤;如果带的不是致病菌则在沸水浴中煮半小时后再洗涤。

(4)载玻片和盖玻片的洗涤方法:先用清水洗干净(如果有油脂则可以用肥皂水煮一会儿再洗涤),之后放入洗涤液中浸数小时,再用清水冲洗,最后用清洁软布擦干备用,或者放入加有少许浓盐酸的95%的乙醇中备用。

2. 玻璃器皿的包装

(1)吸管和滴管的包装:在清洁干燥的吸管口的一端塞上长1~1.5cm的棉花,松紧适当,目的是既要防止微生物吸入口中,也要防止口中的微生物吹入吸管中。放入金属筒内待灭菌。

(2)试管的包装:在清洁干燥的试管口塞上棉花塞,标准的棉花塞要求形状、大小、松劲完全合适,并且耐用,既要利于操作,又要不会被杂菌污染,而且要有良好的通气性能。一般棉花塞的3/5塞在管内,以免脱落。最后将塞好塞子的试管扎成一把,外面再包上牛皮纸待灭菌。

(3)锥形瓶的包装:同试管的方法塞上棉花塞,包上牛皮纸,扎好后待灭菌。

(4)培养皿的包装:清洁干燥的培养皿以5~12只为一包,用牛皮纸包装待灭菌。

(二)培养基的配制

培养基是微生物的繁殖基地。通常根据微生物生长繁殖所需要的各种营养物配制而成,其中含水分、碳、氮、无机盐等。这些营养物可提供微生物碳源、能源、氮源等,组成细胞物质及调节代谢活动。按培养目的不同,或培养微生物种类不同可配成各种培养基。通常培养细菌是用肉膏蛋白胨培养基,培养放线菌常用淀粉培养基,用豆芽汁培养霉菌,用麦芽汁培养酵母菌。培养微生物除了满足它们各自营养物要求外,还要给予适宜的pH值、渗透压和温度等。

根据研究目的不同,可配制成固体、半固体和液体的培养基。固体培养基的成分与液体相同,仅在液体培养基中加入凝固剂使其呈固态。通常向液体培养基中加入15~30g/L的琼脂则变成固体培养基;加入3~5g/L的琼脂为半固体培养基。有的细菌还需加入明胶或硅胶。本实验用固体培养基和液体培养基。

1. 培养基的制备过程

(1)配制溶液:取一定容量的烧杯盛入定量的蒸馏水,按照培养基的配方逐一称取各个成分,并逐一加入水中溶解。如果是制备固体培养基,通常加入15~30g/L的琼脂,在加热熔化琼脂时要不断搅拌,防止琼脂糊底。

(2)调节pH值:用精密pH值试纸测定培养基溶液的pH值,按照实验的pH值要求用质量浓度为100g/L的NaOH或者用体积分数为10%的HCl调整到想要的pH值,调节pH值时,应逐滴进行,每加一滴,搅匀,测pH值。

(3)过滤:用纱布或者滤纸将培养基中的杂质过滤掉。

(4)分装:按照图2-7操作,将培养基分装到试管或者锥形瓶,注意分装时不能将培养基沾到瓶口或管口以防引起杂菌污染。装入试管的一般是制作斜面培养基,装入的量一般不超过试管总高的 1/4～1/3,装入锥形瓶的量一般不超过1/2。

2. 本实验用到的培养基配方

(1)乳糖蛋白胨培养基(供多管发酵法的复发酵用)配方:蛋白胨 10g、牛肉膏 3g、乳糖 5g、氯化钠 5g、1.6% 溴甲酚紫乙醇溶液 1ml、蒸馏水 1 000ml、pH=7.2～7.4。

(2)三倍浓缩乳糖蛋白胨培养液(供多管法初发酵用)配方:按上述乳糖蛋白胨培养液浓缩三倍配制,分装于试管中,每管 5ml。再分装大试管,每管装 50ml,然后在每管内倒放装满培养基的小导管。塞棉塞、包扎,置高压灭菌锅内以 68.6kPa 灭菌 20min,取出置于阴冷处备用。

(3)品红亚硫酸钠培养基(即远腾培养基,供多管发酵法的平板画线用)配方:蛋白胨 10g、乳糖 10g、磷酸氢二钾 3.5g、琼脂 20～30g、蒸馏水 1 000ml、无水亚硫酸钠 5g 左右、5%碱性品红乙醇溶液。

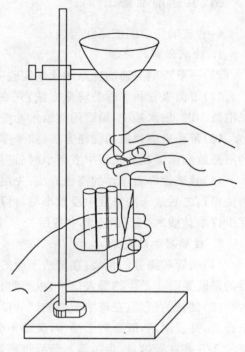

图 2-7 培养基分装操作图

(4)伊红美蓝培养基配方:蛋白胨 10g、乳糖 10g、磷酸氢二钾 2g、琼脂 20～30g、蒸馏水1 000ml、2%的伊红水溶液 20ml、0.5%美蓝水溶液 13ml。

(三)灭菌

灭菌是用物理、化学因素杀死全部微生物的营养细胞和它们的芽孢(或孢子)。消毒和灭菌有些不同,消毒是用物理、化学因素杀死致病微生物或杀死全部微生物的营养细胞及一部分芽孢。

1. 灭菌方法

灭菌方法很多,有过滤除菌法;化学药品消毒和灭菌法,即利用酚、含汞药物及甲醛等使细菌蛋白质凝固变性以达灭菌目的;还有利用物理因素,例如高温、紫外线和超声波等灭菌的。加热灭菌是最主要的,加热灭菌法有两种:干热灭菌和高压蒸汽灭菌。高压蒸汽灭菌比干热灭菌优越,因为湿热的穿透力和热传导都比干热的强,湿热的微生物吸收高温水分,菌体蛋白很易凝固变性,所以湿热灭菌效果好。湿热灭菌的温度一般是在121℃,灭菌 15～30min;而干热灭菌的温度则是 160℃,灭菌 2h,才能达到湿热灭菌 121℃ 的同样效果。

(1)干热灭菌法:培养皿、移液管及其他玻璃器皿可用干热灭菌法。先将已包装好的上述物品放入恒温箱中,将温度调至 160℃ 后维持 2h,把恒温箱的调节旋钮调回零处,待温度降到50℃ 左右,才可将物品取出(请注意:灭菌时温度不得超过 170℃,以免包装纸烧焦。灭菌好的器皿应保存好,切勿弄破包装纸,否则会染菌)。

(2)高压蒸汽灭菌法:该法使用高压灭菌锅,微生物实验所需的一切器皿、器具、培养基(不耐高温者除外)等都可用此法灭菌。灭菌效果好,适用面广。图 2-8 就是常用高压蒸汽灭菌锅的一般构造。

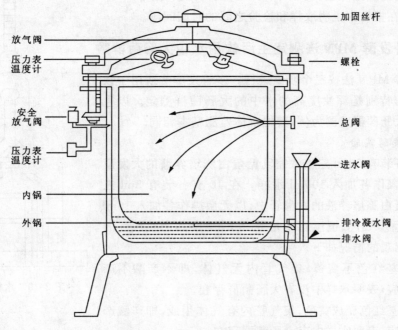

图 2-8 高压蒸汽灭菌锅构造

2. 灭菌的操作过程

(1)加水：直接加水至锅内底部隔板以下 1/3 处。

(2)装锅：把需灭菌的器物放入锅内(请注意:器物不要装得太满,否则灭菌不彻底),关严锅盖(对角式均匀拧紧螺旋),打开排气阀。

(3)点火：用电源的则启动开关。热源为蒸汽的则慢慢打开蒸汽进口,避免蒸汽过猛冲入锅内。

(4)关闭排气阀：待锅内水沸腾后,蒸汽将锅内空气驱净,当温度计指针指向 100℃时,证明锅内已充满蒸汽,则关闭排气阀。

(5)升压、升温：关闭排气阀以后,锅内成为密闭系统,蒸汽不断增多,压力计和温度计的指针上升,当压力达到 102.97kPa(温度为 121℃) 即灭菌开始,这时调整火力大小使压力维持在 102.97kPa 下 15～30min。除含糖培养基用 54.92kPa 压力外,一般都用 102.97kPa 压力。

(6)揭开锅盖,取出器物,排掉锅内剩余水。

(7)待培养基冷却后置于 37℃恒温箱内培养 24h,若无菌生长则放入冰箱或阴凉处保存备用。

(四)水样的采集

采集水样的器具必须事前灭菌。自来水水样的采集方法为:先冲洗水龙头,酒精灯灼烧水龙头,放水 5～10min,在酒精灯旁打开水样瓶盖(或棉花塞),取所需的水量后盖上瓶盖(或棉塞)。经氯处理的水中含残余氯,会减少水中细菌的数目,采样瓶在灭菌前加入硫代硫酸钠,以便取样时消除氯的作用。硫代硫酸钠的用量视采样瓶的大小而定。若是 500ml 的采样瓶,加入 1.5%的硫代硫酸钠溶液 1.5ml(可消除残余氯量为 2mg/L 的 450ml 水样中全部氯量)。其他地表水和地下水的采集器如图 2-9 所示。水样采取后,应该迅速送回实验室立即检验,如果来不及检验则要放入 4℃ 冰箱内保存,并在报告中说明取样和检验之间的时间间隔。

六、多管发酵 MPN 法测定生活饮用水中大肠菌群数

多管发酵 MPN 法按三个步骤进行。多管发酵法适用于饮用水、水源水,特别是浑浊度高的水中的大肠菌群测定。以生活饮用水的大肠菌群监测为例,其他水体监测基本相同。

1. 初步发酵实验

在 2 支各装有 50ml 三倍浓缩乳糖蛋白胨培养液的大发酵管中,以无菌操作各加入 100ml 水样。在 10 支各装有 5ml 三倍浓缩乳糖蛋白胨培养液的发酵管中,以无菌操作各加入 10ml 水样,混匀后置于 37℃ 恒温箱中培养 24h,观察其产酸产气的情况。可能出现的情况如下。

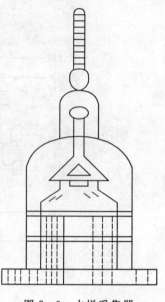

图 2-9 水样采集器

(1)培养基红色不变黄,集气管内无气体,即不产酸不产气,为阴性反应,表明水样中没有大肠菌群存在。

(2)培养基红色变成黄色,集气管内有气体生成,即产酸产气,为阳性反应,表明水样中有大肠菌群存在。

(3)培养基红色变成黄色,集气管内无气体,说明产酸不产气,为阳性反应,表明水样中有大肠菌群存在,需进一步检验。

(4)培养基红色不变,但是集气管内有气体,同时培养基也没有浑浊,说明实验操作有问题,应该重新做检验。

2. 确定性试验

(1)平板画线分离。将经培养 24h 后产酸(培养基呈黄色)、产气或只产酸不产气的发酵管取出,以无菌操作,用接种环挑取一环发酵液于品红亚硫酸钠培养基(或伊红美蓝培养基)平板上画线分离,共三个板。

灭菌后的固体培养基在倒平板之前先加热至溶解,然后按照图 2-10 操作倒好平板,放置等其凝固后,按照图 2-11 操作进行画线分离,画好的平板置于 37℃ 恒温箱内培养 18~24h,观察菌落特征。

(a) 管口过火　　　　　　　　　(b) 倒平板

图 2-10 平板培养基的制备过程

(2)革兰染色。大肠菌群在品红亚硫酸钠培养基平板上的菌落特征:紫红色,具有金属光泽的菌落;深红色,不带或略带金属光泽的菌落;淡红色,中心色较深的菌落。如果平板上长有如上特征的菌落,并经涂片和进行革兰染色后,若结果为革兰阴性的无芽孢杆菌,则表明有大肠菌群存在,即可继续进行复发酵实验。革兰染色法是细菌学中一个重要的鉴别染色法。根据细菌与此法的染色液的不同反应,可将细菌区分为两大类,菌体呈紫色者为革兰阳性细菌,呈红色者为革兰阴性细菌。革兰染色法是一种复染色法,应用结晶紫与蕃红两种不同性质的染色剂进行染色。染色关键在于严格掌握染色时间和酒精脱色程度,并应使用新鲜幼龄的菌体进行涂片,其操作步骤如图2-12所示。

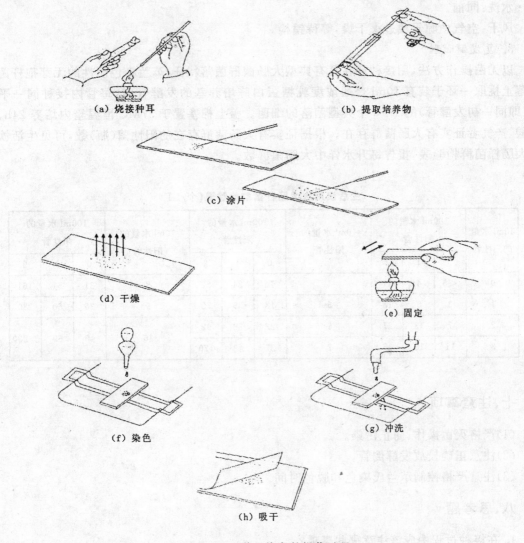

图2-12 革兰染色的操作过程

涂片:在干净无油的玻片上,加2滴生理盐水或蒸馏水(若挑取的是菌悬液则不必加水)。用接种针以无菌操作挑取培养菌落少许,与水混匀,涂成一薄层,见图2-12(a)、(b)、(c)。

风干:空气干燥,见图 2-12(d)。
固定:将玻片在微火上通过 2~3 次,使菌体蛋白凝固于玻片上,见图 2-12(e)。
初染:滴加草酸铵结晶紫染液覆盖涂片,染色 1min,见图 2-12(f) 所示。
水洗:以自来水缓缓冲净染液。
碘液媒染:滴加碘液覆盖涂片,染色 1min。
水洗:同前,见图 2-12(g)。
酒精脱色:用 95% 酒精滴洗涂片,至滴洗的酒精不呈紫色时,立即用水冲净酒精。脱色时间 30~45s 或视涂片厚度而略有差异。
复染:用蕃红(或称沙黄)染色液,滴加覆盖涂片处,染色 1min。
水洗:同前。
风干:空气中晾干或过火干燥,等待镜检。

3. 复发酵试验

以无菌操作方法,用接种环在具有典型大肠菌群菌落特征、革兰染色阴性的无芽孢杆菌的菌落上挑取一环于装有 10ml 普通浓度乳糖蛋白胨培养基的发酵管内,每管内接种同一平板上(即同一初发酵管)的 1~3 个典型菌落的细菌。盖上棉塞置于 37MC 恒温箱内培养 24h,有产酸、产气者证实有大肠菌群存在。根据证实有大肠菌群存在的阳性菌(瓶)数,可见生活饮用水大肠杆菌群检验表,报告每升水样中大肠菌群数。

生活饮用水大肠杆菌群检验表(个/L)

10ml 水量的阳性管	100ml 水量的阳性管			10ml 水量的阳性管	100ml 水量的阳性管			10ml 水量的阳性管	100ml 水量的阳性管		
	0	1	2		0	1	2		0	1	2
0	<3	4	11	4	14	24	52	8	31	51	161
1	3	8	18	5	18	30	70	9	36	60	230
2	7	13	27	6	22	36	92	10	40	69	>230
3	11	18	38	7	27	43	120				

七、注意事项

(1) 严格灭菌操作,防止污染。
(2) 注意正确投放发酵倒管。
(3) 注意严格控制革兰氏染色和脱色时间。

八、思考题

1. 在接种过程中应该注意哪些事项?
2. 为什么有些培养后的试管中会出现黄色液体和气泡?

第三章 地下水分析结果的整理、审查及化学分类

为开展水文地球化学工作,须对天然水的化学成分进行野外现场测试及室内实验室分析。对水分析测试结果的整理、审查及分析运用是水文地质工作必不可少的内容之一,初学者必须熟练地掌握这一基本功。

目的:(1)初步熟悉不同类型天然水化学成分的基本特点。

(2)学会系统整理水化学资料。

第一节 地下水分析结果的整理、审查及化学分类

水样经分析后,为了肯定分析结果是否正确,必须对结果进行审查。此外,为了对水样的物理性质及化学成分有一明晰的、系统的了解,必须把结果加以整理,并按分析结果进行化学分类。

在前面介绍了分析结果的表示方法有毫克/升(mg/L)、毫摩尔/升(mmol/L)两种。除了这两种表示方法外,为了明确表示离子间的相对含量及划分地下水的化学类型,还常用离子的 mmol/L 百分数表示,即分别以阴阳离子的毫摩尔总数乘电价为 100%,计算每种离子所占的百分数($\sum Z_i^a \times m_i, \sum Z_j^c \times m_j, Z_i, Z_j$ 为阴阳离子电价)。计算方法如下式:

$$X = \frac{x}{\sum 阳} \times 100\% \qquad Y = \frac{y}{\sum 阴} \times 100\%$$

式中:X 为某阳离子的 mmol/L%;Y 为某阴离子的 mmol/L%;x 为某阳离子的含量 mmol/L;y 为某阴离子的含量 mmol/L;$\sum$阳 为阳离子总 mmol/L($\sum \frac{P^{z+}}{z}$);$\sum$阴 为阴离子总 mmol/L($\sum \frac{N^{z-}}{z}$)(注:z 表示离子电价)。

求得各种阴离子和阳离子的 mmol/L 百分数之后,我们可以用一个比较简明的图解或公式表示,下面的水质表示即是其中的一种。在表示式的横线上边,表示阴离子的 mmol%,横线下边表示阳离子的 mmol%,在表示式的前边,表示总矿化度,气体以及溶于水中的特殊成分(Br^-、I^-、放射性同位素)等都以 g/L 表示,现在用一个表示式作为例子:

$$Br_{0.002} \cdot H_2S_{0.010} \cdot M_{1.5} \frac{Cl_{88.0}^{} \cdot HCO_{10.6}^3}{Na_{44.0} \cdot Mg_{41.3} \cdot Ca_{14.7}} T9℃$$

该式表示：水的矿化度 M 为 1.5g/L，水中含有 H_2S 为 10mg/L，Br^- 为 2mg/L，Cl^- 含量占阴离子 mmol 总数的 88.0%，而 HCO_3^- 占 10.6%，水温为 9℃等，含量少于 10% 的离子一般不列入表示式中。

第二节　水分析结果的审查

1. 阴阳离子毫摩尔总数乘以电价的检查

在理论上，阴阳离子的毫摩尔总数乘以电价应彼此相等，但由于不可避免的误差，实际上却很少得到相等的结果，我们可根据下式计算分析误差：

$$分析误差 = \frac{\sum 阳 - \sum 阴}{\sum 阳 + \sum 阴} \times 100\%$$

式中：$\sum$ 阳为阳离子总含量 $\sum Z_j^c \times m_j$；$\sum$ 阴为阴离子总含量 $\sum Z_i^a \times m_i$（Z_i、Z_j 为阴阳离子电价）。

全分析的允许误差不得大于 2%，而简分析不得大于 5%。如果超出此范围，则表示结果有问题，或者分析项目不够全面等，通常由于简分析不进行 K^+ 与 Na^+ 的测定，故不能进行这项检查。

由于在水简分析实验中主要只做水的常量离子，K^+ 与 Na^+ 含量计算如下：

$$m_{K+Na} = \sum Z_j^a \times m_i - \sum Z_j^c \times m_j$$

$$(K^+ + Na^+)(mg/L) = m_{K+Na} \times 25$$

2. 干涸残余物的检查

干涸残余物指在 105~110℃ 将水样蒸干后，所得的不挥发的残余物质的重量，溶于水中的阴离子除 HCO_3^- 外其他全部残留不挥发，而 HCO_3^- 则按下式分解：

$$2HCO_3^- \xrightleftharpoons{\Delta} CO_3^{2-} + CO_2 + H_2O$$
$$2 \times 61.02 \quad 60.01 \quad 44.01 \quad 18.02$$

分解产物中，$CO_2 + H_2O$ 在上述温度下挥发，而 CO_3^- 则和 Ca^{2+}、Mg^{2+} 等形成碳酸盐沉淀不挥发。因此，干涸残余物的含量可以用下式表示：

干涸残余物(mg/L) = 阴离子含量(mg/L) + 阳离子含量(mg/L) − 0.51HCO_3^-

在全分析中，从上面公式计算出的干涸残余物与实验测得之值相差不得大于 2%，而简分析不得大于 5%。

3. 水的化学分类

地下水的化学分类法有几种，下面只介绍主要的一种。

这种分类法是以 3 种主要阳离子（Na^+、Ca^{2+}、Mg^{2+}）和 3 种主要阴离子（Cl^-、SO_4^{2-}、HCO_3^-）的毫摩尔数乘以电价百分数大于 25 时，即确定该地下水属于何种类型。

例如，如果水中的主要阴离子（Cl^-、SO_4^{2-}、HCO_3^-）中只有一种离子的毫摩尔数乘以电价百分数大于 25，例如 Cl^- 的毫摩尔数乘以电价百分数大于 25，则此水便被称为氯化物水。

如果水中有两种阴离子的毫摩尔数乘以电价百分数都大于 25，例如 Cl^-、SO_4^{2-} 的毫摩尔数乘以电价百分数都大于 25,而 Cl^- 的毫摩尔数乘以电价百分数大于 SO_4^{2-},则此水便被称为氯化物硫酸盐水。

如果水中所有三种阴离子的毫摩尔数乘以电价百分数都大于 25,而三者的大小关系为 $Cl^->SO_4^{2-}>HCO_3^-$,则此水便被称为氯化物硫酸盐重碳酸盐水。

以同样的方法来考虑 3 种阳离子,则地下水可以分别被称为钠水、镁水、钙水、钠镁水、钠钙水、镁钙水、钠镁钙水……。此分类也被称为舒卡列夫分类。

4. 有效数字计算规则

(1) 记录数据时,只保留一位可疑数字,即从最后一位起第二位以上的数字应是准确无误的。

(2) 数据运算时,有效数字需要按"四舍六入五进单"处理。如 2.25 进为 2.2,2.35 进为 2.4。

加减法时,保留小数点后的位数应和各小数点后位数最少者相同。

如:13.65+0.008 2+1.632 可写成 13.65+0.01+1.63=15.29

乘除法时,保留位数应以有效数字位最短者为准,所获得结果的精度,不应大于精度最小的那个数。

如:$\dfrac{56\times 0.003\ 462\times 43.22}{1.684}=4.975\ 740\ 996$

在报告上可写成 5.0,因为 56 的有效数字仅有两位,精度最小。

第三节 水分析计算

1. 暂时硬度(meq/L)=重碳酸盐(meq/L)

2. 永久硬度(非碳酸盐硬度)

当 HCO_3^-(meq/L)<$(Ca^{2+}+Mg^{2+})$(meq/L)时,永久硬度(meq/L)=(总硬度−暂时硬度)(meq/L)。

3. 负硬度

当总硬度(meq/L)<总碱度(meq/L)时,负硬度(meq/L)=(总碱度−总硬度)(meq/L)

4. 重碳酸碱度(以 $CaCO_3$ 计,mg/L)

$$\dfrac{(V_2-V_1)\times C_{HCl}\times 50.05\times 1\ 000}{V_{水}}=\dfrac{(V_1+V_2)\times C_{HCl}\times 50.05\times 1\ 000}{V}$$

5. 总碱度(以 $CaCO_3$ 计,mg/L)

$$\dfrac{(V_2-V_1)\times C_{HCl}\times 50.05\times 1\ 000}{V}$$ (式中 50.05 为 $CaCO_3$ $1/2CaCO_3$ g/mol−摩尔质量)

6. $\rho(CaCO_3)$(mg/L)=$\dfrac{(V_1-V_0)\times C_{EDTA}\times 100.09\times 1\ 000}{V}$

7. 德度

2.804×(总硬度,暂时硬度)meq/L。

8. 矿化度(mg/L)=($\sum$阴+$\sum$阳)mg/L

9. 库尔洛夫表达式

$$Br_{0.002}H_2S_{0.010} \cdot M_{1.5} \frac{Cl_{88.00} HCO_{10.6}^3}{Na_{44.00} Mg_{41.30} Ca_{14.70}} T9℃$$

(1)在表达式的前面 M 为矿化度，气体以及溶于水中的特殊成分（单位：g/L）。

(2)分子式上线为阴离子常量元素，含量 meq/L%，只写≥10%，表达方式如 $Cl_{88.00}$ 等。下线为阳离子的常量元素，数字都写在常量元素的右下角标，例：$Ca_{30.80}$；(K+Na)合写。不必写价态，都是由大→小顺序。

10. 舒卡列夫表达式

例：$SO_4 \cdot HCO_3 - Ca$ 水，阴离子写在前面，舒卡列夫≥25%的，参加命名，都是由大→小顺序。

11. 苏林分类

著名学者苏林，他利用阴阳离子的毫克当量（meq/L%）比例系数进行地下水化学类型分类，人们称这种方法为苏林分类。其分类方法如下：

(1)当 $\gamma_{Na}/\gamma_{Cl} > 1$ 时：

$$\frac{\gamma_{Na} - \gamma_{Cl}}{\gamma_{SO_4}} < 1 \quad 属 Na_2SO_4 型水$$

在这种水中，Na^+ 除与 Cl^- 结合成 $NaCl$ 外，还与 SO_4^{2-} 结合成 Na_2SO_4，故构成 Na_2SO_4 型水。

$$\frac{\gamma_{Na} - \gamma_{Cl}}{\gamma_{SO_4}} > 1 \quad 属 NaHCO_3 型水$$

在这种水中，Na^+ 除与 Cl^- 和 SO_4^{2-} 结合成 $NaCl$ 和 Na_2SO_4 外，还与 HCO_3^- 结合成 $NaHCO_3$，故构成 $NaHCO_3$ 型水。

(2)当 $\gamma_{Na}/\gamma_{Cl} < 1$ 时：

$$\frac{\gamma_{Cl} - \gamma_{Na}}{\gamma_{Mg}} < 1 \quad 属 MgCl_2 型水$$

在这种水中，Cl^- 除与 Na^+ 结合成 $NaCl$ 外，还与 Mg^{2+} 结合成 $MgCl_2$，故构成 $MgCl_2$ 型水。

$$\frac{\gamma_{Cl} - \gamma_{Na}}{\gamma_{Mg}} > 1 \quad 属 CaCl_2 型水$$

在这种水中，Cl^- 除与 Na^+ 和 Mg^{2+} 结合成 $NaCl$ 和 $MgCl_2$ 外，还与 Ca^{2+} 结合成 $CaCl_2$，故构成 $CaCl_2$ 型水。

12. 宏量元素、中量元素、微量元素的划分

宏量元素：Cl^-、HCO_3^-、SO_4^{2-}、CO_3^{2-}、Ca^{2+}、Mg^{2+}、Na^+、K^+。

中量元素：Fe^{3+}、Fe^{2+}、NO_3^-、NH_4^+、F^-、H_4SiO_4、Sr^{2+}、Br^- 等，它们的浓度常为十到数十毫克每升。

微量元素：常指在水中含量小于 1mg/L 的元素。

表 3-1 水质分析报告

试样编号			取样日期		
工程名称			收样日期		
勘探点号			分析日期		
水源类别			取样深度		
委托单位			pH 值		
基本单元（B）	C_B(mmol/L)	ρ_B(mg/L)	基本单元（B）	C_B(mmol/L)	ρ_B(CaCO$_3$)(mg/L)
$Na^+ + K^+$			$Ca^{2+} + Mg^{2+}$		
Ca^{2+}			$(Ca^{2+} + Mg^{2+})t$		
Mg^{2+}			$(Ca^{2+} + Mg^{2+})s$		
			$(Na^+ + K^+)n$		
			$1/Z\ B^{z-}$		
			$1/Z\ A^{z+}$		
$\Sigma(1/Z\ P^{z+})$					
Cl^-			DS	ρ(mg/L)	
SO_4^{2-}			SS	ρ(mg/L)	
HCO_3^-			游离 CO_2	ρ(mg/L)	
CO_3^{2-}			侵蚀性 CO_2	ρ(mg/L)	
OH^-			$T(1/Z\ a^{z+})$	mmol/L	
NO_3^-					
$\Sigma(1/Z\ N^{z-})$					

水 质 鉴 定 意 见

技术负责人：　　　　审核：　　　检验：

表 3-2　取样记录与水分析报告的基本格式

一、取样记录

　　样品编号＿＿＿＿＿＿＿＿　　取样时间＿＿＿＿＿＿＿＿

　　取样地点＿＿＿＿＿＿＿＿省（市、自治区）＿＿＿＿＿＿＿＿县（市、区）

　　取样深度＿＿＿＿＿＿＿＿　　地理坐标＿＿＿＿＿＿＿＿

　　水样类型（热水、冷水、废水、井水、泉水等）＿＿＿＿＿＿＿＿

二、现场测试及保存情况记录

　　温度（Q/S）＿＿＿＿＿＿　　色度＿＿＿＿＿＿　　浊度＿＿＿＿＿＿　　嗅＿＿＿＿＿＿

　　酸度（pH 值）＿＿＿＿＿＿　　电导率（$\mu S/cm$）＿＿＿＿＿＿　　悬浮物 Eh(mV)＿＿＿＿＿＿

　　溶解氧（DO）＿＿＿＿＿＿　　化学耗氧量（COD）＿＿＿＿＿＿　　生化需氧量＿＿＿＿＿＿

三、室内测试项目：水分析报告

四、其他测试项目（如某些特殊组分、同位素组成等）

五、备　注

1. 水化学类型

(1) 库尔洛夫表达式

(2) 苏卡列夫分类

(3) 苏林分类

2. 地下水成因类型分析

表 3-3 水分析报告

送样单位： 送样编号：
分析单位： 送样日期：

物理性质	水温(℃)	嗅	颜色	浊度	味道	取样日期	分析日期

项目	含量		项目	含量	微量元素	mg/L
	mg/L	mmol/L				
			总硬度(mg/L)(以 $CaCO_3$ 计)		锶	
Ca^{2+}			暂时硬度(mg/L)(以 $CaCO_3$ 计)		铬	
Mg^{2+}			负硬度(mg/L)(以 $CaCO_3$ 计)		砷	
Fe^{3+}			总碱度(mg/L)(以 $CaCO_3$ 计)		铜	
Fe^{2+}			pH 值		锌	
NH_4^+			矿化度(mg/L)		铅	
K^+			游离 CO_2(mg/L)		镉	
Na^+			侵蚀性 CO_2(mg/L)		硒	
Cl^-			溶解性总固体(mg/L)			
SO_4^{2-}			可溶性 SiO_2(mg/L)			
HCO_3^-						
			水质类型:			

分析人： 核对： 报告日期：

表 3-4 水质简分析报告

分析编号：_____ 采样日期：_____
送样编号：_____ 取样地点：_____
分析日期：_____ 报告日期：_____

项目	mg/L	mmol/L	mmol %	项目	mg/L	mmol /L	mmol %
Ca^{2+}				Cl^-			
Mg^{2+}				SO_4^{2-}			
$K^+ + Na^+$				HCO_3^-			
Fe^{3+}				CO_3^{2-}			
Fe^{2+}				NO_3^-			
NH_4^+				NO_2^-			
总计			100.00	总计			100.00

1. 水温(Q/S)_____ ℃   6. COD_{cr}_____ mg/L   11. 暂时硬度(德国度)_____
2. 电导率_____ μS/cm   7. 游离 CO_2_____ mg/L   12. 负硬度(德国度)_____
3. pH 值_____   8. 侵蚀 CO_2_____   13. 总碱度(德国度)_____
4. 浊度_____   9. 总硬度(德国度)_____   14. 矿化度_____ mg/L
5. 溶解氧_____ mg/L   10. 永久硬度(德国度)_____

库尔洛夫表示式：

苏卡列夫分类：

苏林分类：

地下水成因分析：

附 录

附录一 水环境监测新技术开发简介

随着科学技术的发展与仪器的更新,各国环境监测工作者都在利用新的仪器开发一系列新的监测技术和方法,如新型监测仪器 GC-MS、GC-FT-IR、ICP-MS、ICP-AES、HPLC、HPLC-MS、RS、GDS、GIS 等。

目前发达国家环境监测单位所拥有的大型仪器主要有气相色谱-质谱联用仪(GC/MS)、液相色谱-质谱联用仪(LC/MS)、傅里叶红外光谱仪(FTIR)、气相色谱-傅里叶红外光谱联用仪(GC/FTIR)、电感耦合等离子体-质谱联用仪(ICP/MS)、微波等离子体-质谱联用仪(MIP/MS)、电感耦合等离子体发射光谱仪(ICP-AES)、X射线荧光光谱仪(XRE)等。在这些大型仪器中,除 GC/MS 和 ICP-AES 已在我国用于环境监测分析外,其他仪器还没有相应标准或统一的监测分析方法。而在发达国家,这类仪器监测分析方法的研究开发及应用发展较快。由于此类仪器尚不能国产化,所以在我国环境监测分析中的普及和应用尚待时日。

原子吸收光谱仪[AAS,包括 FLAAS(火焰)和 GFAAS(石墨炉)]、原子荧光光谱仪(AFS)、气相色谱仪(GC)、高效液相色谱仪(HPLC)、离子色谱仪(IC)、紫外-可见分光光度计(UV-Vis)以及级谱仪(POLAR)等属中型分析仪器。目前国内外的标准环境监测分析方法中这类仪器的使用仍占主导地位。其中,FLASS、UV-Vis 和 PO-LAR 在我国已经国产化,仪器的性能指标已达到或接近国际先进水平。就价格性能比来看,国产仪器占绝对优势。GC 和 GFAAS 在国内发展较快,研制和生产技术也日趋成熟,产品已基本能满足我国环境监测分析的需要。我国自行研制生产的 AFS 的技术居世界领先水平,国外尚无同类专用仪器。AFS 对 Hg、As、Sb、Bi、Se 和 Te 等环境污染物元素的测定有很高的灵敏度,可以满足我国环境监测分析的需要。

一、有机污染物监测技术的开发

目前我国有机污染物的监测项目不够,监测水平与管理需要差距较大,急需开发研究适合我国国情的 GC、HPLC、GC/FT-IR、GC/MS,而另一个重要问题是要解决有机标准样品,这样才能更好地进行方法开发、质量控制和质量保证、方法验证等。

就我国现状而言、GC 柱的标准化、监测有机污染物的提取(从水、废水和空气、废气采集的样品中)、净化等监测技术仍需要研究和提高。

农牧产品及各类食品中农药残留量的分析是环境监测分析工作者的重要任务之一。由于农药类的挥发性强,所以通常使用 GC[包括电子捕获检测器(ECD)、火焰光度检测器(FPD)和氮磷检测器(NPD)]法。对检测出的农药进行结构鉴定一般使用GC/MS法,而有些热稳定性差的农药需用LC/MS鉴定。有文献报道,共有19种农药类在水果和蔬菜中残留,它们的不挥发性和热稳定性差,须用热喷雾液相色谱-质谱联用仪(TSP-LC/MS)鉴定。方法是将试样经丙酮萃取,液-液分配法净化。在19种农药类中确认了13种。选择离子检测方式(SIM)的检测限是0.02~1.0mg/L,加标0.5mg/L时的回收率达70%以上。变质花生中的黄曲霉素B1、B2、G1和G2也是用TSP-LC/MS法检定出的。方法是将黄曲霉素类用水-甲醇提取后,固相萃取($C_{18}+NH_2$)净化,LC/MS检定,检测限是50~100pg。

二、无机污染物监测技术的开发

我国无机污染物监测项目比有机多,方法也相对成熟,但仍需补充一些项目,尽力使方法简单化、成熟化。《中国环境监测》杂志1994年第1期公布了统一方法和试行方法。其中催化氧化快速法、密封催化消解法、节能加热法处理水样后测定COD是减少二次污染、经济效益、社会效益、环境效益俱佳的方法。Co、Ni、V、Al的方法则补充了原来监测方法中缺少的项目;电极流动法和将要公布的流动注射在线富集法测定Cl^-、NO_3^- N、F^-、Cu、Zn、Pb、Cd、硬度等,除能保证良好的测定精度外,还节省时间,便于实现自动化,也是3个效益俱佳的方法体系。

ICP-AES法测定Al、Zn、Ba、Be、Cd、Co、Cr、Cu、Fe、Na、K、Mg、Ni、Pb、Sr、Ti、V、Cd、Mn、As则代表了大型仪器在环境监测中的应用。此外,石墨炉原子吸收法、氢化物发生原子吸收法以及离子色谱法测定无机离子等方法体系也正在开发中。

ICP/MS是以ICP作为离子化源的质谱分析方法,该方法是20世纪80年代开始应用于实际样品分析的高灵敏度方法。ICP/MS比ICP-AES灵敏度高2~3个数量级,比AAS高1~2个数量级,并可实现多元素同时分析。另外,质谱图比较简单,干扰峰少,可进行同位素比的测定,在金属元素的分析方面与AAS并行,正在快速发展普及,日本和美国都已把ICP/MS分析水中Cr(Ⅵ)、Cu、Cd和Pb列为标准方法。用HPLC-ICP/MS和IC-ICP/MS进行尿液中各种形态As的分析,已有ICP/MS在新型材料学、医学和药学等分析领域的应用报道。用高分辨率ICP/MS还可直接进行痕量稀土元素定量分析。

此外,本着选择在国外水污染控制名单中出现频率高的及水中难以降解,在生物体中有积累性,具有水生生物毒性的污染物;选择应具毒性效应大的化学物质;具有较大的(生产)排放量并较广泛地存在于环境中的原则,根据国内已具备的监测基础条件及治理技术、经济力量等因素分期分批建立了优先控制污染物名单,同时也进行了相应的项目、分析方法、标准物质及质量保证程序的开发和研究,我国水中的优先控制污染物名单见附表1。

附表1 我国水中优先污染物名单

化学类别	名 称	分 析 方 法
挥发性卤代烃类	二氯甲烷、三氯甲烷、四氯甲烷	HS-GC/ECD(填充柱)
	三溴甲烷、三氯乙烯、四氯乙烯、1,2-二氯乙烷、1,1,1-三乙烷、1,1,1-三氯乙烷、1,1,2,2-四氯乙烷	HS-GC/ECD(毛细柱)
苯系物*	苯、甲苯、乙苯、邻二甲苯、间二甲苯、对二甲苯	HS-GC/FID SE-GC/FID
氯代苯类	氯代苯、邻二氯苯、对二氯苯、六氯苯	HS-GC/ECD
多氯联苯	多氯联苯	SE-GC/ESD
酚类	苯酚、间甲酚、2,4-二氯酚、2,4,6-三氯酚、五氯酚、对硝基酚	GC/FID HPLC
硝基苯类*	硝基苯、对硝基甲苯、2,4-二硝基甲苯、二硝基甲苯、对硝基氯苯、2,4-二硝基氯苯	SE-GC/ECD HS-GC/ECD
多环芳烃*	萘、苄蒽、苯并(b)苄蒽、苯并(k)苄蒽、苯并(a)醌、苯并(1,2,3-Cd)醌、苯并(ghi)醌	HPLC
苯胺类	苯胺、2,4-二硝基苯胺、对硝基苯胺、2,6-二氯硝基硝基苯胺	HPLC
酞酸酯类	酞酸二甲酯、酞酸二丁酯、酞酸二辛酯	SE-GC/ECD SE-HPLC
农药*	六六六、滴滴涕、滴滴畏、乐果、对硫磷、甲基对硫磷、除草醚、敌百虫	SE-GC/ECD SE-GC/FID
丙烯腈	丙烯腈	
亚硝胺类	N-亚硝基二甲胺、N-亚硝基二正丙胺	HPLC
氰化物*	氰化物*	SP
石棉	石棉	光学显微镜法
重金属及其化合物	砷及其化合物* 铍及其化合物 镉及其化合物* 铬及其化合物* 铜及其化合物* 汞及其化合物* 镍及其化合物* 铊及其化合物	SP AAS,SP AAS,SP SP AAS,SP AAS,SP AAS,SP

注：上述方法除带*号已具有标准方法外，其他方法尚未经过标准化程序，在建立GC、HPLC定量方法的同时也建立了GC/PTIR、GC/MS鉴定水中有机物的定性方法。

在控制污染方面，由末端治理向全过程控制的清洁生产。由主要搞单项污染治理进化到综合整治,再进化到资源综合利用。相应环境监测的概念也在不断深化,监测范围也在不断扩大。早期理解的环境监测-环境分析,是以化学分析为主要手段,建立在对测定对象间断地、定时、定点局部的分析结果,现已不能适应及时、准确、全面地反映环境质量动态和污染源动态变化的要求。20世纪70年代后期,随着科学技术的进步,环境监测技术迅速发展,仪器分析、计算机控制等现代手段在环境监测中得到了广泛应用。各种自动连续监测系统相继问世,环境监测从单一的环境分析发展到物理监测、生物监测、生态监测、遥感、卫星监测,从间断性监测逐步过渡到自动连监测。监测范围从一个断面发展到一个城市,一个区域,整个国家乃至全球。

附录二 我国《生活饮用水水质规范》

(一) 生活饮用水水质常规检验项目及限值

项目	限值
感官性状和一般化学指标	
色	色度不超过 15 度,并不得呈现其他异色
浑浊度	不超过 1 度(NTU),特殊情况下不超过 5 度(NTU)
嗅和味	不得有异嗅、异味
肉眼可见物	不得含有
pH	6.5~8.5
总硬度(以 $CaCO_3$ 计)	450mg/L
铝	0.2mg/L
铁	0.3mg/L
锰	0.1mg/L
铜	1.0mg/L
锌	1.0mg/L
挥发酚类(以苯酚计)	0.002mg/L
阴离子合成洗涤剂	0.3mg/L
硫酸盐	250mg/L
氯化物	250mg/L
氮	1.5mg/L
溶解性总固体	1 000mg/L
耗氧量(以 O_2 计)	3mg/L,特殊情况下不得超过 5mg/L
毒理学指标	
砷	0.05mg/L
镉	0.005mg/L
铬(+6 价)	0.05mg/L
氰化物	0.05mg/L
氟化物	1.0mg/L
铅	0.01mg/L
汞	0.001mg/L
硝酸盐(以 N 计)	20mg/L
硒	0.01mg/L
四氯化碳	0.002mg/L
氯仿	0.06mg/L

续表1

项 目	限 值
细菌学指标	
细菌总数	100CFU/ml
总大肠杆菌群	每100mL水样中不得检出
粪大肠杆菌群	每100mL水样中不得检出
游离余氯	在与水接触30min后应不低于0.3mg/L,管网末梢水不应低于0.05mg/L(适用于加氯消毒)
放射性指标	
总α放射性	0.5Bq/L
总β放射性	1Bq/L

(二)生活用水水质非常规检验项目及限值

项 目	限 值
感官性状和一般化学指标	
硫化物	0.02mg/L
钠	200mg/L
毒理学指标	
锑	0.005mg/L
钡	0.7mg/L
铍	0.002mg/L
硼	0.5mg/L
钼	0.07mg/L
镍	0.02mg/L
银	0.05mg/L
铊	0.0001mg/L
二氯甲烷	0.02mg/L
1,2-二氯乙烷	0.03mg/L
1,1,1-三氯乙烷	2mg/L
氯乙烯	0.005mg/L
1,1-二氯乙烯	0.03mg/L
1,2-二氯乙烯	0.05mg/L
三氯乙烯	0.07mg/L
四氯乙烯	0.04mg/L
苯	0.01mg/L
甲苯	0.7mg/L
二甲苯	0.5mg/L

续表 2

项　目	限　值
乙苯	0.3mg/L
苯乙烯	0.02mg/L
苯并[a]芘	0.000 01mg/L
氯苯	0.3mg/L
1,2-二氯苯	1mg/L
1,4-二氯苯	0.3mg/L
三氯苯(总量)	0.02mg/L
邻苯二甲酸二(2-乙基己基)酯	0.008mg/L
丙烯酰胺	0.000 5mg/L
六氯丁二烯	0.000 6mg/L
微囊藻毒素-LR	0.001mg/L
甲草胺	0.02mg/L
灭草松	0.3mg/L
叶枯唑	0.5mg/L
百菌清	0.01mg/L
滴滴涕	0.001mg/L
溴氰菊酯	0.02mg/L
内吸磷	0.03mg/L(感官限值)
乐果	0.08mg/L(感官限值)
2,4-滴	0.03mg/L
七氯	0.000 4mg/L
七氯环氧化物	0.000 2mg/L
六氯苯	0.001mg/L
六六六	0.005mg/L
林丹	0.002mg/L
马拉硫磷	0.25mg/L(感官限值)
对硫磷	0.003mg/L(感官限值)
甲基对硫磷	0.02mg/L(感官限值)
五氯酚	0.009mg/L
亚氯盐酸	0.2mg/L(适用于二氧化氯消毒)
一氯胺	3mg/L
2,4,6-三氯酚	0.2mg/L
甲醛	0.9mg/L
三卤甲烷	该类化合物中每种化合物的实测浓度与其各自限值的比值之和不得超过1
溴仿	0.1mg/L

续表 2

项 目	限 值
二溴一氯甲烷	0.1mg/L
一溴二氯甲烷	0.06mg/L
二氯乙酸	0.05mg/L
三氯乙酸	0.1mg/L
三氯乙醛（水合氯醛）	0.01mg/L
氯化氰（以 CN^- 计）	0.07mg/L

附录三 饮用天然矿泉水标准

(中华人民共和国国家标准 GB8537-87)

1. 主题内容与适用范围
1.1 本标准规定了饮用天然矿泉水的开发利用依据和水质、产品的要求。
1.2 本标准适用于所有的饮用天然矿泉水及其瓶装水产品。
2. 饮用标准
《饮用天然矿泉水检验方法》(GB8538.1~8538.63-87);《食品标签通用标准》(GB7718-87)。
3. 说明
(1) 饮用天然矿泉水是一种矿产资源,是来自地下深部循环的天然露头或经过人工揭露的深部循环的地下水。
(2) 以含有一定量的矿物盐或微量元素,或是以二氧化碳气体为特征,在通常情况下,其化学成分、流量、温度等动态相对稳定。
(3) 应在保证原水卫生细菌学指标安全的条件下开采和灌装,在不改变天然矿泉水的特性和主要成分条件下,允许曝气、倾析、过滤和除去或加入二氧化碳。
4. 技术要求
4.1 饮用天然矿泉水的界限指标见附表3-1。

附表3-1 饮用天然矿泉水的界限指标

项目	指标(mg/L)	项目	指标(mg/L)
锂	≥0.2	偏硅酸	≥25
锶	≥0.2	硒	≥0.01
锌	≥0.2	游离二氧化碳	≥250
溴	≥1	矿化度	≥1 000
碘	≥0.2		

注:凡符合表中各项指标之一者,可称为饮用天然矿泉水,但锶在0.2~0.4mg/L范围和偏硅酸含量在25~30mg/L范围,各自都必须具有水温在20℃以上或水的同位素测定年龄在10年以上的附加条件方可称为饮用天然矿泉水。

4.2 感观要求。
色:色度不超过15度,并不呈其他异色。
浑浊度:不超过5度。
嗅和味:不得有异嗅、异味,应具有本矿泉水的特征性口味。
肉眼可见物:不得含有异物,允许有极少量的天然矿物盐沉淀。
4.3 某些元素和组分的限量指标见附表3-2。
4.4 污染物指标见附表3-3。

4.5 微生物指标见附表3-4。

附表3-2 某些元素和组分的限量指标

项目	指标	项目	指标
锂	<5mg/L	汞	<0.001mg/L
锶	<5mg/L	银	<0.05mg/L
碘	<1mg/L	硼(以 H_3BO_3 计)	<30mg/L
锌	<5mg/L	硒	<0.05mg/L
铜	<1mg/L	砷	<0.05mg/L
钡	<5mg/L	氟化物(以 F^- 计)	<2.5mg/L
镉	<0.01mg/L	耗氧量(以 O_2 计)	<3mg/L
铬(Ⅳ)	<0.05mg/L	硝酸盐(以 NO_3^- 计)	<45mg/L
铅	<0.05mg/L	镭226放射性	<1.1Bq/L

附表3-3 污染物指标

项目	指标	项目	指标
酚类化合物(以苯酚计)	<0.002mg/L	亚硝酸盐(以 NO_2^- 计)	<0.005mg/L
氰化物(以 CN^- 计)	<0.01mg/L	总β活性	<1.5Bq/L

附表3-4 微生物指标

项目	指标
细菌总数	<100个/ml
大肠菌群	<3/L

5. 试验方法

见 GB8538.1~8538.63-87。

6. 检验规则(略)

附录四 水、土腐蚀性调查、测试与评价

(1)受气候或渗透性影响的水、土对混凝土结构的腐蚀性评价,应符合附表4-1和附表4-2的规定;水、土对钢筋混凝土结构中钢筋的腐蚀性评价,应符合附表4-3的规定。

附表4-1 受气候影响的水、土腐蚀介质评价

腐蚀等级	腐蚀介质	环境类别		
		Ⅰ	Ⅱ	Ⅲ
弱 中 强	硫酸盐含量 SO_4^{2-} (mg/L)	250~500 500~1 500 >1 500	500~1 500 1 500~3 000 >3 000	1 500~3 000 3 000~6 000 >6 000
弱 中 强	镁盐含量 Mg^{2+} (mg/L)	1 000~2 000 2 000~3 000 >3 000	2 000~3 000 3 000~4 000 >4 000	3 000~4 000 4 000~5 000 >5 000
弱 中 强	铵盐含量 NH_4^+ (mg/L)	100~500 500~800 >800	500~800 800~1 000 >1 000	800~1 000 1 000~1 500 >1 500
弱 中 强	苛性碱含量 OH^- (mg/L)	35 000~43 000 43 000~57 000 >57 000	43 000~57 000 57 000~70 000 >70 000	57 000~70 000 70 000~100 000 >100 000
弱 中 强	总矿化度 (mg/L)	10 000~20 000 20 000~50 000 >50 000	20 000~50 000 50 000~60 000 >60 000	50 000~60 000 60 000~70 000 >70 000

注:①Ⅰ、Ⅱ类环境无干湿交替作用时,表中数据乘以1.3的系数;②Ⅰ、Ⅱ类环境中,在严重冰冻区(段)或冰冻区(段)时,表中数据乘以0.8的系数,在微冻区(段)时,表中数据乘以0.9的系数;③总矿化度一项是当水与混凝土接触部位有蒸发面和干湿交替作用时,须进行测试和评价的项目;④表中数据乘以1.5的系数为土的腐蚀指标,单位以 mg/kg 表示。

附表4-2 受渗透性影响的水、土腐蚀性介质评价

腐蚀等级	pH 值		侵蚀性 CO_2 (mg/L)		HCO_3^- (mmol/L)	
	A	B	A	B	A	B
弱	5.0~6.5	4.0~5.0	15~30	30~60	1.0~0.5	—
中	4.0~5.0	3.5~4.0	30~60	60~100	<0.5	
强	<4.0	<3.5	>60	—	—	

注:①A 是指直接临水、强透水土层的地下水,或湿润的强透水土层;B 是弱透水土层的地下水或湿润的弱透水土层;②HCO_3^- 含量是指水的矿化度低于0.1g/L 的软水时,该类水质 HCO_3^- 离子的腐蚀性;③土的腐蚀性只作 pH 值的腐蚀性评价,不作侵蚀性 CO_2 和 HCO_3^- 的腐蚀性评价。评价土的 pH 值腐蚀性时,A 是指具强透水性的土层,B 是指具弱透水性的土层。

附表 4-3　水、土对钢筋混凝土结构中钢筋的腐蚀性评价

腐蚀等级	水中的 Cl⁻ 含量(mg/L)		土中的 Cl⁻ 含量(mg/kg)	
	长期浸水	干湿交替	干湿度为润与潮之间	干湿度为潮或湿
弱	>5 000	100～500	400～750	250～500
中	—	500～5 000	750～7 500	500～5 000
强	—	>5 000	>7 500	>5 000

注：①Cl⁻ 含量是指氯化物中的 Cl⁻ 与硫酸盐折算成的 Cl⁻ 之和；②当水或土中同时存在有硫酸盐和氯化物时，硫酸盐的数量乘以 0.25 的系数换算成氯化物含量，然后同氯化物含量相加。

(2)水对钢结构的腐蚀性评价应符合附表 4-4 的规定；土对钢结构的腐蚀性评价应符合附表 4-5 的规定。

附表 4-4　水对钢结构腐蚀性评价

腐蚀等级	pH 值	$Cl^- + SO_4^{2-}$ (mg/L)
弱	3～11	<500
中	3～11	>500
强	<3	—

注：①表中系指氧能自由溶入的水及地下水；②本表亦适用于钢管道；③如水的沉淀物中有褐色絮状沉淀(Fe)、悬浮物中有褐色生物膜、绿色丛块，或有硫化氢臭，应做铁细菌、硫酸盐还原细菌的检验，查明有无细菌腐蚀。

附表 4-5　土对钢结构腐蚀性评价

腐蚀等级	pH 值	氧化还原电位(mV)	电阻率($\Omega \cdot m$)	极化电流密度(mA/cm^2)	质量损失(g)
弱	5.5～4.5	>200	>100	<0.05	<1
中	4.5～3.5	200～100	100～50	0.05～0.20	1～2
强	<3.5	<100	<50	>0.20	>2

附录五　校园水环境监测方案

1. 实习目的

(1)通过水环境监测实习,进一步让学生巩固课本所学知识,深入了解水环境监测中各环境污染因子的采样与分析、误差分析、数据处理等方法与技能。

(2)通过对校园地表水、饮用水和污水的水质监测,以掌握校园内的水环境质量现状,并判断水环境质量是否符合国家有关环境标准的要求。

(3)培养学生的实践操作技能和综合分析问题的能力。

2. 水环境监测调查和资料收集

校园环境水样很多,有汇集在校园内的地表水,也有来源于地壳下部的地下水(井水、泉水),此外还有校园排放的废水,水环境现状调查和资料收集,除调查收集校园内水污染物排放情况外,还需了解校园所在地区有关水污染源及其水质情况,有关受纳水体的水文和水质参数等。有关水污染源的调查可按附表3-5进行。

附表 5-1　水污染源

污染源名称	用水量(t/h)	排水量(t/h)	排放的主要污染物	废物排放去向
学生生活				
实验室				
印刷厂				
废水总排放口				

3. 水环境监测项目和范围

(1)监测项目。水环境监测项目包括水质监测项目和水文监测项目,校园水环境监测项目可以只开展水质监测项目。对于地表水,水质监测项目可分为水质常规项目、特征污染物和水域敏感参数。水质常规项目可根据国家《地表水环境质量标准》(GB3838-2002)和环境监测技术规范选取,特征污染物可根据校园内实验室、校办工厂、医院、机械实习工厂等排放的污染物来选取,敏感水质参数可选择受纳水域敏感的或曾出现过超标而要求控制的污染物,对于地下水,若用作生活饮用水源,监测项目应按照国家卫生部《生活饮用水水质卫生规范》(2001)执行,为划分地下水类型和反映水质特征的监测项目有矿化度、总硬度、钾、钠、钙、镁、重碳酸根、硫酸根等。河口和海湾水域的监测项目可参照国家《海水质标准》(GB3097-1997)规定的水质要求和有毒物质确定。

(2)监测范围。地表水监测范围必须包括校园排水对地表水环境影响比较明显的区域,应能全面反映与地表水有关的基本环境状况。如果校园内有湖泊(或人工湖),可直接在校园内湖泊进行取样监测。如果校园排水直接排入校园外河流、湖泊及海洋等地表水体,应根据地表水的规模和污水排放量来确定调查范围。附表5-2列出了根据污水排放量与水域规模确定的河流环境影响现状调查范围,对河流影响范围较大取较大值,反之取较小值。如果下游河段附近有敏感区,如水库、水源地、旅游区域等,则监测范围应延长到敏感区上游边界。表中同时还列出了湖泊的调查范围。海域的监测范围通常根据废水中污染物排放量大小,以及海洋法而定。由于污染物在海湾中进行扩散时受潮汐、波浪、海流等多种因素作用,一般多以3.5m等深线以下的范围作为监测海域,如果海底坡度较小,可适当缩小监测范围。另外也可以岸边排放口为圆心,取其半圆形面积作为监测海域的范围,见附表5-3。如果校园废水排入城市下水道,可只在污水总排口进行监测,地下水监测范围可以只在校园区域内监测布点。

附表5-2 地表水环境现状调查范围

污水排放量	河 流			湖 泊	
(m^3/d)	大河 $(\geqslant m^3/s)$	中河 $(15\sim150 m^3/s)$	小河 $(\leqslant 15\ m^3/s)$	调查半径 (km)	调查面积 (km^2)
>50 000	15~30	25~40	30~50	4~7	25~80
50 000~20 000	10~20	15~30	25~40	2.5~4	10~25
20 000~10 000	5~10	10~20	15~30	1.5~2.5	3.5~10
10 000~5 000	2~5	5~10	10~25	1~1.5	2~2.5
<5 000	<3	<5	5~25	≤1	≤2

附表5-3 海湾环境监测的海域调查范围

污水排放量	调 查 范 围	
(m^3/d)	调查半径(km)	调查面积(按半圆计算)(km^2)
>50 000	5~8	40~100
50 000~20 000	3~5	15~40
20 000~5 000	1.5~3	3.5~15
<5 000	<1.5	<1.5

4. 监测点布设、监测时间和采样方法

(1)监测点布设。监测断面和采样点的设置应根据监测目的和监测项目并结合水域类型、水文、气象、环境等自然特征,综合诸多因素提出优化方案,在研究和论证的基础上确定。

河流监测断面一般应设置3种断面,即对照断面、控制断面和消减断面。对照断面反映进入本地区河流水质的初始情况,布设在不受污染物影响的城市和工业排污区的上游;控制断面布设在评价河段末端或评价河段有控制意义的位置,诸如支流汇入、废水排放口、水工建筑和水文站下方,视沿线污染源分布情况,可设置一个至数个控制断面;消减断面布设在控制断面的下游,污染物浓度有显著下降处,以反映河流对污染物的稀释自净情况。断面上的采样点根据河流水面宽度和水深,按国家相关规定确定。

湖泊、海湾中的监测点应尽可能覆盖污染物所形成的污染面积,并切实反映水域水质和水文特征,如果校园排水不是直接排入河流、湖泊和海湾,而是排入城市下水道,可以在校园污水总排口进行监测布点,以了解其排水水质和处理效果。

(2)监测时间。监测目的和水体不同,监测的频率往往也不相同。对河流和湖泊的水质、水文同步调查3~4天。至少应有1天对所有已选定的水质参数采样分析,一般情况下每天每个水质参数只采一个水样。对校园废水总排口,可每隔2~3h采样一次。地下水采样时间和频率应与地表水同步进行。

(3)采样方法。根据监测项目确定是混合采样还是单独采样。采样器需事先用洗涤剂、自来水、10%硝酸或盐酸和蒸馏水洗涤干净后沥干,采样前用被采集的水样洗涤2~3次。采样时应避免激烈搅动水体和漂浮物进入采样桶;采样桶桶口要迎着水流方向浸入水中,水充满后迅速提出水面,需加保存剂时应在现场加入。为特殊监测项目采样时,要注意特殊要求,如应用碘量法测定水中溶解氧,需防止曝气或残存气泡的干扰等。

地下水样的采集,应在监测井旁选择标志物或编号,保证每次在同一采样点采样,从机井采样时,先放水5~10min,排净积留于管道中的存水,然后采样,采集泉水时,应在泉水流出处或水流汇集的地方采样。

5. 样品的保存和运输

水样存放过程中,由于吸附、沉淀、氧化还原、微生物作用等,样品的成分可能发生变化,因此如不能及时运输和分析测定的水样,需采取适当的方法保存,较为普遍采用的保存方法有:控制溶液的pH值,加入化学试剂,冷藏和冷冻。第一章列举了监测项目水样的保存方法。

采取的水样除了一部分供现场测定使用外,大部分要运送到实验室进行分析测试。在运输过程中,为继续保证水样的完整性、代表性,使之不受污染,不被损坏和丢失,必须遵守各项保证措施,根据水样采样记录表清点样品,塑料容器要塞紧、旋紧外塞;玻璃瓶要塞紧磨口塞,然后用细绳将瓶塞与瓶颈拴紧。需冷藏的样品,配备专门的隔热容器,放冷却剂,冬季运送样品,应采取保温措施,以免冻裂样瓶。

6. 分析方法与数据处理

(1)分析方法。分析方法按国家环保局规定的《水和废水分析方法》进行,可按附表5-4编写。

附表5-4 监测项目的分析方法及检出下限

序 号	监测项目	分析方法	检出下限	国标号
1	pH值	玻璃电极法		GB6920-1986
2	COD_{Cr}	重铬酸盐氧化滴定法	5mg/L	GB11914-1989
⋮				

(2)数据处理。监测结果的原始数据要根据有效数字的保留规则正确书写,监测数据的运算要遵循运算规则。在数据处理中,对出现的可疑数据,首先从技术上查明原因,然后再用统计检验处理,经检验验证后属离群数据应予剔除,以使测定结果更符合实际。

(3)分析结果的表示。可按附表5-5对水质监测结果进行统计。

附表 5-5　水质监测结果统计表

断面名称	污染因子	pH	SS	DO	COD_{Cr}	BOD_5	NH_3-N	…
1#	浓度(mg/L)							
	超标倍数							
2#	浓度(mg/L)							
	超标倍数							
⋮	⋮							
	标准值							

参考文献

陈若暾,等.环境监测实验[M].上海:同济大学出版社,1993.
贾国珍,薛雪娟."微波消解COD测定仪"在水环境监测中的应用与探讨[J].东北水利水电,
　2001,(5):48~50.
冷文宜,等.环境监测技术基本理论(参考)试题集[M].北京:中国环境科学出版社,2002.
聂麦茜,等.环境监测与分析实践教程[M].北京:化学工业出版社,2003.
沈照理,等.水文地球化学基础[M].北京:地质出版社,1993.
孙成,等.环境监测实验[M].北京:科学出版社,2002.
吴邦灿,等.现代环境监测技术[M].北京:中国环境科学出版社,1999.
吴忠标,等.环境监测[M].北京:化学工业出版社,2003.
庄文华,等.定量分析及地下水分析[D].武汉:武汉地质学院化学教研室(铅印版).1983.